高等学校"十四五"农林规划新形态教材

植物学实验指导

（第2版）

主　编　吴　鸿　郝　刚　白　玫　张荣京　梁祥修

副主编　阮　颖　李雁群　马仲辉

编　者　（按姓氏笔画排序）

马仲辉（广西大学）　　　　白　玫（华南农业大学）　　刘博宇（湖南农业大学）

羊海军（华南农业大学）　　阮　颖（湖南农业大学）　　李雁群（华南农业大学）

吴　鸿（华南农业大学）　　何韩军（华南农业大学）　　张荣京（华南农业大学）

郝　刚（华南农业大学）　　胡宇飞（华南农业大学）　　梁社坚（华南农业大学）

梁祥修（华南农业大学）　　谢建光（华南农业大学）

中国教育出版传媒集团

高等教育出版社·北京

内容提要

本教材内容注重理论联系实际，强调培养学生独立观察、操作的能力。书中的实验材料多选取华南地区特色的植物活体材料，力求紧密联系农林生产实践，体现华南特色。全书分为认知性实验、综合性实验和附录三个部分。认知性实验部分选编了12个基础性实验，内容包括被子植物的形态结构特征、植物界的类群介绍及被子植物分科概述。综合性实验部分设计了7个拓展性、探究性项目，均围绕植物结构与功能的适应性关系开展。附录部分介绍植物学实验、实习常用的基础知识和工具，如标本的采集制作、植物制片法、常用试剂的配制等。

本教材适合高等农业院校植物生产类、生物科学类等相关专业使用，亦可作为研究生、教师和农林科技工作者的参考用书。

图书在版编目（CIP）数据

植物学实验指导 / 吴鸿等主编 . -- 2 版 . -- 北京：高等教育出版社，2024.8（2025 . 9 重印）. -- ISBN 978 -7-04-062668-1

Ⅰ. Q94-33

中国国家版本馆 CIP 数据核字第 2024N0H662 号

ZHIWUXUE SHIYAN ZHIDAO

策划编辑 李 融	责任编辑 李 融	封面设计 张 楠	责任印制 刘弘远	

出版发行	高等教育出版社	网 址	http://www.hep.edu.cn
社 址	北京市西城区德外大街4号		http://www.hep.com.cn
邮政编码	100120	网上订购	http://www.hepmall.com.cn
印 刷	北京七色印务有限公司		http://www.hepmall.com
开 本	787mm×1092mm 1/16		http://www.hepmall.cn
印 张	8.5	版 次	2012 年 6 月第 1 版
			2024 年 8 月第 2 版
字 数	230 千字	印 次	2025 年 9 月第 3 次印刷
购书热线	010-58581118	定 价	28.00元
咨询电话	400-810-0598		

新形态教材 · 数字课程（基础版）

植物学实验指导

（第2版）

主编 吴 鸿 郝 刚 白 玫
张荣京 梁祥修

 新形态教材网 Abooks

关于我们 ｜ 联系我们 ｜ 登录/注册

植物学实验指导（第2版）

吴 鸿 郝 刚 白 玫 张荣京 梁祥修

开始学习 收藏

　　本数字课程与纸质教材一体化设计，紧密配合，内容包括彩图、课件、参考文献和拓展阅读等，可供各类高等院校不同专业的师生根据实际需求选择使用，也可供相关科学工作者参考。

http://abooks.hep.com.cn/62668

第 2 版前言

　　植物学实验课是学习植物学的辅助课程，是植物学理论与实践相结合的桥梁。为了配合植物学理论课教学，2012 年，华南农业大学植物学教研室组织教师编写了《植物学实验指导》，也是吴鸿教授和郝刚教授主编的《植物学》的配套实验教材。教材编写遵循农林院校本科教学培养目标，结合新时期实验教学体系，力求更为合理地设计和编排实验。教材内容注重植物学知识的科学性和系统性，坚持理论联系实际，着重培养学生独立操作的实验技能。该实验指导教材经在华南农业大学和部分兄弟院校十余年的使用，教学效果良好，但也暴露出一些内容陈旧、技术方法过时等问题，亟须再版更新。

　　这次修订，与配套的理论教材《植物学》（第 2 版）内容结合更为紧密，主要体现在：①涉及细胞、组织、器官、系统发育特征等的结构植物学部分，在部分实验材料上做了调整。②涉及植物基本类群的部分，以对应的理论教材为基础，在分类系统的编排上做了众多改变。

　　本次教材修订分工如下。

　　认知性实验部分：实验一、实验六（谢建光、郝刚）；实验二、实验三（胡宇飞、吴鸿）；实验四、实验八（白玫、吴鸿）；实验五（梁祥修、吴鸿）；实验七（白玫、谢建光、张荣京、李雁群）；实验九（李雁群、吴鸿）；实验十、实验十一、实验十二（张荣京、郝刚）。

　　综合性实验部分：实验十三、实验十五（白玫、吴鸿）；实验十四（梁祥修、吴鸿）；实验十六、实验十七（李雁群、吴鸿）；实验十八、实验十九（张荣京、郝刚）。

　　附录部分：附录一、附录八（梁祥修、吴鸿）；附录二、附录六（李雁群、吴鸿）；附录三、附录七（白玫、吴鸿）；附录四、附录五（张荣京、吴鸿）。

　　教材部分插图由中国科学院华南植物园的刘运笑女士绘制完成。高等教育出版社的李融编辑对教材的编写和完善给予极大帮助，并提出宝贵意见和建议。编写过程中得到华南农业大学植物学国家级线下一流本科课程建设项目、广东省线下一流本科课程建设项目等支持。在此，一并致谢。

　　由于编者知识水平所限，本教材难免有遗漏和错误之处，恳请广大教师、学生批评指正。

编　者
2024 年 2 月于华南农业大学

第1版前言

植物学实验课是学习植物学的辅助课程，是植物学理论与实践相结合的桥梁。为了配合植物学理论课教学，2001 年，华南农业大学植物学教研室组织教师结合大农学类学生培养需要和华南地域特点编写了《植物学实验指导》。教材内容设计为 12 个实验，共计36 学时。此实验指导经在华南农业大学和部分兄弟院校近十年的使用，效果较好；同时亦显露出存在的问题，如教材的实验安排与课堂实际的开展不对应，在实验动手技能和综合能力的培养方面内容不够突出等。近年来各高校普遍进行了本科人才培养方案的修订，"植物学实验"现一般都独立成课，学时亦多调整成 32 学时。因此，在新的学时要求下，为了紧密配合理论课的内容，有必要重新设计和调整实验的项目和内容。

本书正是在这样一个背景下立项编写的。编写人员总结了多年的植物学实验教学经验，遵循农业院校本科教学的培养目标，结合新时期实验教学体系的调整安排而设计编排实验。教材内容注重植物学知识的科学性和系统性，坚持理论联系实际，着重培养学生独立操作的实验技能。教材中的实验材料尽可能选取华南地区的活体材料，力求紧密联系农林生产实践。

这部分实验主要注重植物学综合知识的运用，旨在培养学生初步独立进行科学研究的能力，学生可根据自己的兴趣，在教师的引导下，课后开展实施。

本书具体编写分工为，认知性实验部分：实验一、八（羊海军、阮颖）；实验二、三（胡宇飞）；实验四、十（俞新华、郝刚）；实验五、九（梁社坚、吴鸿）；实验六（宁熙平、吴鸿）；实验七（谢建光、郝刚）；实验十一、十二（张荣京、彭海玉）。综合性实验部分：郝刚、吴鸿。附录部分：附录一（俞新华）；附录二（谢建光）；附录三、八（赵晟）；附录四、六（张荣京）；附录五（羊海军）；附录七（梁社坚、吴鸿）。中国科学院华南植物园的刘运笑女士绘制了部分插图。全书由吴鸿和郝刚统稿。高等教育出版社生命科学与医学出版事业部的潘超博士对教材的编写和出版给予了极大的帮助。在此一并表示衷心的感谢。

由于编者知识水平所限，本教材难免有遗漏和错误之处，恳请广大教师、学生批评指正。

编　者

2012 年 2 月于华南农业大学

目 录

附录 …………………………………………………………… 95

主要参考文献 🅔

认知性实验

第一部分

实验一

种子与幼苗

种子是种子植物特有的繁殖器官，由胚珠发育而成。植物种子的形态既受物种本身遗传特性决定，又受外界环境因子影响，在种间和种内均表现出多样性。种子一般由胚、胚乳和种皮3部分组成。有些种子还具有假种皮。

一、实验目的

1. 了解植物种子的形态多样性和结构相似性，认识植物种子的主要类型。
2. 明确种子萌发条件，了解幼苗类型及其形态建成过程。

二、实验内容

1. 观察不同植物种子的形态、结构，识别有胚乳种子和无胚乳种子。
2. 观察不同植物幼苗的形态，识别主根、上胚轴、下胚轴、子叶和真叶，区分幼苗的类型。

三、实验仪器、用具及试剂

显微镜、解剖镜或手持放大镜、分析天平、游标卡尺、镊子、解剖针、解剖刀、培养皿、载玻片、盖玻片。

四、实验材料

（一）种子类

1. 菜豆（*Phaseolus vulgaris*）种子（预先清水浸泡，使其充分吸胀）
2. 花生（*Arachis hypogaea*）种子
3. 蓖麻（*Ricinus communis*）种子
4. 芝麻（*Sesamum indicum*）种子
5. 大花紫薇（*Lagerstroemia speciosa*）种子
6. 大豆（*Glycine max*）种子
7. 豌豆（*Pisum sativum*）种子
8. 西瓜（*Citrullus lanatus*）种子

（二）颖果类

1. 水稻（*Oryza sativa*）颖果
2. 小麦（*Triticum aestivum*）颖果

3. 玉米（*Zea mays*）颖果

（三）切片标本

小麦颖果纵切片

（四）幼苗类

1. 大豆幼苗

2. 水稻或小麦幼苗

五、实验步骤

（一）植物种子的形态多样性

取各种供试植物种子，分别通过肉眼或镜检观察，对其形状、颜色及附属物等进行描述，利用游标卡尺测量其长、宽、厚等数据，利用分析天平测定其质量（表 1–1）。根据上述观测结果，对植物种子形态多样性做出分析和评价。

表 1–1　不同植物种子的形态观测结果

植物名称	形状	颜色	大小 /mm			质量 /g
			长	宽	厚	
菜豆	肾形，表面光滑	棕褐色，具光泽	15	6	4	0.8

（二）植物种子的结构和类型

1. 菜豆种子的结构（图 1–1）

取 1 粒已预先浸泡吸胀的菜豆种子，先观察其种皮上的附属结构，在种子凹入的一侧可见 1 个长椭圆形的疤痕，称为_____；在此疤痕一侧有 2 个颜色较深的小突起及隆起的棱脊，它们分别是_____和_____；用手指挤压种子，可见有水或气泡从 1 个小孔中流出，该小孔就是_____。然后，用解剖刀在菜豆种子背突一侧沿长轴方向小心划开一道长切口，切忌伤及内部组织，再用镊子小心剥下种皮，尽量保持其完整性，仔细观察和计数种皮层数，可见_____层种皮。

除去种皮，可见一个黄白色、分化明显、形态较为复杂的有机体，即为_____，它由_____、_____、_____和_____ 4 部分组成。子叶_____片，肥厚而富含营养，着生于_____之上。胚轴圆柱形，短小；以子叶着生点为界，胚轴中连接胚芽的一侧为_____，连接胚根的一侧为_____。胚根呈光滑的圆锥形，从组织学上可将其分成_____、_____、_____ 3 个区。胚芽由_____片幼叶和_____个生长点（幼叶夹角处的小突起）组成。

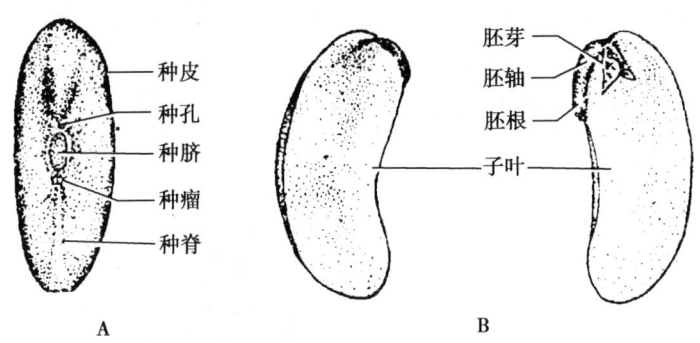

图 1-1　菜豆种子的形态与结构

A. 菜豆种子纵剖面；B. 菜豆种子外形

在成熟的菜豆种子中未见有_____。这是因为在菜豆种子发育过程中，胚乳已完全被胚吸收利用了。

通过上述解剖观察可知，菜豆种子属于_____。

2. 蓖麻种子的结构（图 1-2）

取 1 粒蓖麻种子，先观察其种皮上的附属结构。在种子的一端，生有一个颜色较深、肉质长圆形的组织，称为_____；种脊不明显，位于种子腹面；种孔小而不明显，被种阜覆盖。然后，用镊子轻轻敲打种子尾端致其种皮破裂，小心剥开，注意观察，可见_____层种皮，其中外种皮骨质而坚硬，内种皮膜质而极薄。

沿种子宽面平行方向，用解剖刀小心地把种皮以内的部分切成两半，用放大镜观察，可见外围部分呈乳白色，肉质肥厚，该组织称为_____；另有_____片极薄且具明显脉纹的叶片状结构是_____；胚根靠近种阜，呈短粗光滑的圆锥体；胚轴极短，近似于圆柱体；胚芽呈小突起，仅有 1 个_____，尚未分化出_____。

由此可见，蓖麻种子属于_____。

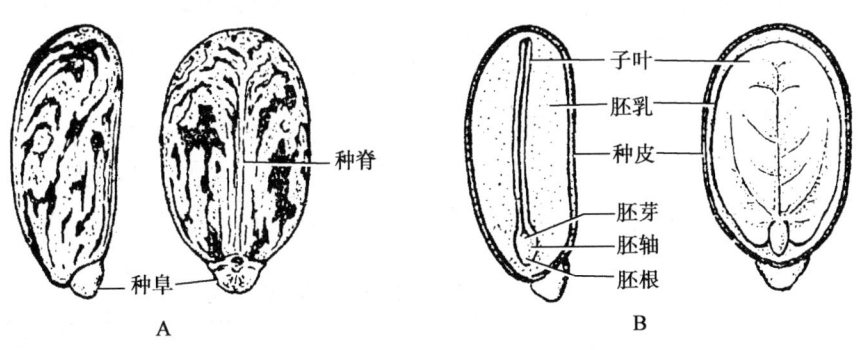

图 1-2　蓖麻种子的形态与结构

A. 蓖麻种子外形；B. 蓖麻种子纵剖面

3. 小麦种子的结构（图 1-3）

取 1 粒小麦籽实，首先仔细观察和比较两端的不同之处，可见一端饱满圆润，一端凹陷皱褶。从籽实中央沿长轴方向，用解剖刀将其切成两半，置于解剖镜或放大镜下观察，在其剖面上可明显区分出 3 个部分：外围黄褐色的薄层为_____和_____的愈合体；中心部分为_____，它占有最大体积；在凹陷端可见一个近似于耳朵形的结构，即为_____。

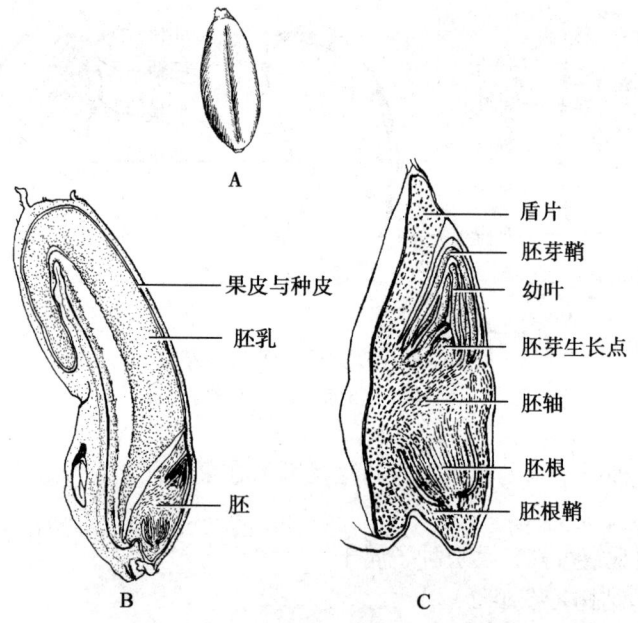

图 1-3　小麦颖果及胚的形态与结构

A. 小麦颖果的外形；B. 小麦颖果的纵切面；C. 小麦胚的纵切面

　　再取小麦颖果纵切片置于显微镜下观察。先用 4 倍物镜找到标本物像，分辨出果皮与种皮、胚乳和胚所在的位置，再逐步转换到 40 倍物镜对各部分进行细致观察。外侧的多层细胞是果皮与种皮的愈合组织（果皮在外、种皮在内），细胞形体较小。胚乳中紧接种皮的 1~2 层细胞较为特殊，近方形，内含丰富蛋白质（糊粉粒），这部分胚乳称为_____层；中心的大部分细胞含有丰富的淀粉粒，这部分胚乳称为_____组织。在 10 倍物镜下，可见小麦胚的结构中，子叶有_____片，盾状，也称_____，着生于胚轴内侧，与胚乳相邻，两者间有 1 层整齐的_____；胚轴外侧与子叶相对处有 1 个向上的突起，称为_____；胚芽位于胚轴上方，由_____、_____和_____组成；胚根位于胚轴下方，由_____和_____组成。

　　因此，小麦种子属于_____。

　　参照上述案例分析，另取课堂配备的各种植物种子材料，进行仔细地解剖观察，对其结构做出描述和记录，判定所属类型，完成表 1-2。

表 1-2　植物种子的结构及其所属类型

植物名称	种皮	胚	胚乳	种子类型
菜豆	1 层，薄革质	胚芽分化为生长锥、幼叶两部分，无胚芽鞘；胚根圆锥形，无胚根鞘；子叶 2 片，肥厚	无	双子叶无胚乳种子

续表

植物名称	种皮	胚	胚乳	种子类型

（三）植物种子的萌发

取具有萌发能力的萝卜种子数粒，用清水洗净表面并浸泡，令其自然吸胀约 20 min，取出沥干，进行纸上发芽床萌发实验。此项内容由学生课外自主探究，观察萝卜种子在萌发过程中的生长发育情况，记录胚根、胚轴、胚芽和子叶等各部分的活动时间及形态变化，并完成表1-3。

表1-3 植物种子纸上发芽床萌发实验结果记录表

植物名称	胚各部分生长发育情况			
	胚根	胚轴	胚芽	子叶
萝卜				

（四）植物幼苗的形态及其类型

1. 大豆幼苗的形态（图1-4）

大豆幼苗的主根发达，其上生有数条侧根，形成_____根系。下胚轴生长速度_____

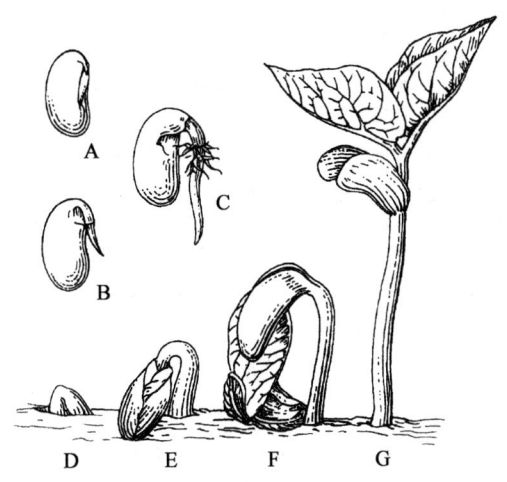

图1-4 大豆种子萌发及幼苗形态

A. 大豆种子；B. 种皮破裂，胚根伸出；C. 胚根向下生长，并长出根毛；D. 种子在土中萌发，胚轴突出土面；
E. 胚轴伸直延长，牵引子叶脱开种皮而出；F. 子叶出土，胚芽长大；G. 胚轴继续伸长，两片真叶张开，幼苗长成

于上胚轴，形成_____幼苗。子叶出土后，变绿，向两侧展开，可以进行_____作用，制造营养物质供幼苗生长所需，但随时间推延而逐渐萎蔫直至脱落。胚芽的幼叶逐步长大，变绿，张开，发育成_____；生长点持续分裂分化，陆续产生新的_____，并长成新的幼叶。

2. 水稻幼苗的形态（图 1-5）

水稻幼苗的主根不发达，不定根多数，形成_____根系。下胚轴变化不明显，上胚轴生长较迅速，形成_____幼苗。胚芽鞘伸长，出土，绿色；幼叶长大，钻出胚芽鞘，形成具有_____和_____的完全叶。

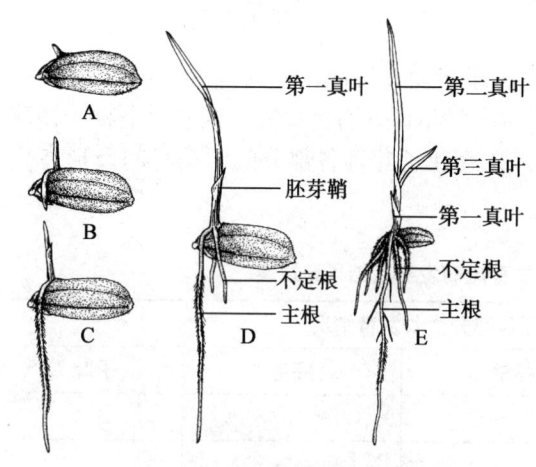

图 1-5　水稻种子萌发及幼苗形态
A～E：萌发过程

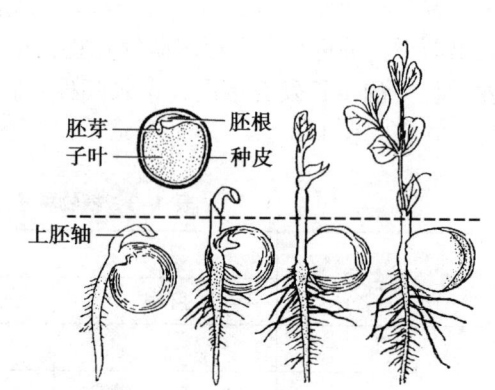

图 1-6　豌豆种子的萌发过程

另取大豆、豌豆各数粒，通过盆栽观察幼苗形态建成过程（图 1-6），记录幼苗生长情况（表 1-4），判断幼苗类型，比较子叶和真叶的差异。

表 1-4　大豆、豌豆幼苗生长情况记录表

种类	播种时间	播种深度	出土时间	第一真叶期		子叶真叶形态差异	幼苗类型
				起止时间	期末苗高		

🔍 观察与思考

① 胚轴与胚根、胚芽之间是否存在明显的界限？上胚轴和下胚轴在种子阶段是否差异明显？

② 胚乳的生物学功能是什么？胚乳与子叶之间有何联系？是否所有成熟种子中都存有胚乳？

③ 生产上所说的小麦种子是植物学意义上的种子吗？胚根鞘和胚芽鞘分别具有什么样的生物学功能，其组织来源是什么？

④ 播种时哪些类型的植物种子宜浅播？为什么？

六、实验报告

1. 绘制菜豆和小麦种子胚的解剖图，并标注各部结构名称。

2. 完成表1-3，并撰写课外研究报告。

实验二

植物细胞的结构

细胞是生命的基本结构和功能单位。通过光学显微镜我们可以初步了解细胞的基本特点及不同细胞之间的区别。

一、实验目的

1. 掌握显微镜的使用方法（参见附录一）。
2. 学会临时装片及特定细胞结构的染色方法（参见附录二）。
3. 了解植物细胞的结构及原生质流动。
4. 掌握植物细胞与组织的绘图方法（参见附录三）。

二、实验内容

1. 观察植物细胞的原生质流动。
2. 观察质体的不同分化形式。
3. 后含物质的观察与鉴定。
4. 细胞壁的观察。

三、实验仪器、用具及试剂

显微镜、载玻片、盖玻片、镊子、刀片、吸水纸、蒸馏水、I_2-KI 溶液、苏丹Ⅲ-乙醇溶液、95% 乙醇（体积百分数，后同）。

四、实验材料

1. 黑藻（*Hydrilla verticillata*）嫩枝条
2. 辣椒（*Capsicum annuum*）果实
3. 吊竹梅（*Tradescantia zebrina*）叶片
4. 蓖麻（*Ricinus communis*）种子
5. 花生（*Arachis hypogaea*）子叶
6. 马铃薯（*Solanum tuberosum*）块茎
7. 茶（*Camellia sinensis*）叶片
8. 杉木（*Cunninghamia lanceolata*）枝条
9. 柿（*Diospyros kaki*）种子

五、实验步骤

（一）植物细胞中原生质的流动

原生质流动在某些细胞中特别明显，原生质的流动可以携带细胞器在细胞内沿一定方向迁移，形成所谓的胞质环流现象。

1. 取幼嫩的黑藻枝条（靠近茎尖）制成临时装片（参见附录二）。
2. 观察靠近中脉的细胞，注意观察细胞内叶绿体运动的方向。

🔍 观察与思考

① 通过观察，估算一个细胞中叶绿体的数目。
② 比较叶片不同部位的叶绿体流动速率。
③ 不同细胞中叶绿体流动方向是否一致？
④ 能否观察到细胞核及液泡在细胞内的分布？
⑤ 用黑藻为材料观察原生质流动有何优点？

（二）质体的分化

叶绿体、白色体及有色体均是质体的分化形式，不同质体在特定的细胞类型中出现，其中最明显的区别是其所含的色素组成不同。

1. 用镊子撕取水竹草下表皮，制成临时装片，镜检观察。
2. 取少许辣椒果实，用刀片刮去果肉剩下果皮，制成临时装片，镜检观察。

🔍 观察与思考

① 叶绿体、白色体及有色体的色素组成有何区别？
② 三种质体分别存在于哪些细胞中？它们在细胞内的分布有何特点？

（三）植物细胞后含物的观察

在植物细胞中常常能观察到一些贮藏的代谢物，具有明显的形态特征，通常被称为后含物。常见的后含物包括淀粉粒、糊粉粒、脂滴等。

1. 马铃薯淀粉粒的观察

对照组：取马铃薯块茎一小块，用双面刀片在组织块表面刮取少许组织，将刀口上附着的浑浊汁液转移至载玻片，制成临时装片，镜检观察。

实验组：依上述步骤，在样品上加滴 I_2-KI 溶液，染色 3～5 min 后加盖玻片，制成临时装片，镜检观察。

🔍 观察与思考

① 比较未加 I_2-KI 溶液与加 I_2-KI 溶液淀粉粒的区别。
② 通过调节显微镜微调及孔径光阑，是否能够观察到淀粉粒的纹路？

③ 能否观察到淀粉粒所在细胞的细胞壁？淀粉粒是在何种细胞器内形成的？

2. 花生子叶中脂滴的观察

对照组：取花生子叶，经徒手切片，选取较薄的切片制成临时切片。

实验组：同样切片，将切片在苏丹Ⅲ–乙醇溶液中染色 3 min 后，盖片观察。

🔍 观察与思考

① 如何才能将切片切薄？

② 比较对照组和实验组观察结果的异同。

3. 蓖麻种子中糊粉粒的观察

对照组：取蓖麻种子，剥去种皮，徒手切片后，用苏丹Ⅲ–乙醇溶液染色并观察。

实验组：切片，在切片材料上滴加 95% 乙醇，片刻后待乙醇变成乳白色后吸走溶液；再次用 95% 乙醇处理，直至乙醇变得澄清；吸走溶液后滴加 I_2–KI 溶液，制片观察。

🔍 观察与思考

① 比较对照组和实验组观察结果的区别。

② 在实验组中，95% 乙醇处理的作用是什么？

③ 蓖麻种子中的主要后含物有哪些？

（四）细胞壁结构的观察

1. 细胞壁的特化

（1）茶叶角质层的观察：取新鲜茶叶横切片，用苏丹Ⅲ–乙醇溶液染色，制片并观察。

（2）马铃薯木栓层的观察：取马铃薯块茎皮的切片，用苏丹Ⅲ–乙醇溶液染色，制片并观察。

2. 小麦颖果单纹孔结构的观察

撕取小麦颖果的表皮（经浸泡），制成临时装片，镜检观察。

🔍 观察与思考

根据小麦纹孔处结构判断次生壁和初生壁厚度的差异。

3. 杉木具缘纹孔结构的观察

观察杉木的三切面切片，观察具缘纹孔结构。

🔍 观察与思考

① 依据图 2-1 所示，在显微镜下识别"纹孔缘""纹孔塞"和"纹孔口"。

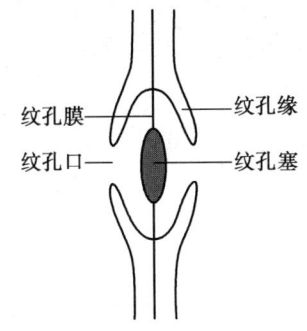

图 2-1 杉木的具缘纹孔结构

② 水从纹孔的哪个部位穿过？纹孔塞可以起到什么作用？

4. 柿胚乳胞间连丝的观察

观察柿胚乳切片，注意细胞壁上的丝状结构。

观察与思考

① 柿胚乳细胞原生质和细胞壁上的胞间连丝为何被染成同样的颜色？
② 柿胚乳细胞的细胞壁增厚有何功能？增厚部分是初生壁还是次生壁？

六、实验报告

1. 根据对黑藻叶片、辣椒果实和水竹草叶片的观察，填写下表。

实验材料	质体类型	质体形状	质体颜色	质体存在部位（细胞类型及细胞内的分布）	质体的生理功能
黑藻叶片					
红辣椒果实					
水竹草叶片					

2. 根据对马铃薯块茎、蓖麻种子、花生子叶等材料中后含物的观察，填写下表。

实验材料	后含物质的种类	后含物质的贮存形式	染色试剂	反应后观察到的现象
马铃薯块茎				
蓖麻种子				
花生子叶				

3. 根据对马铃薯块茎、茶叶片临时装片的观察结果，填写下表。

实验材料	细胞壁特化类型	细胞壁特化所在结构	染色试剂	反应后观察到的现象
马铃薯块茎				
茶叶片				

实验三

植物组织

植物细胞通过分裂、分化形成多种组织类型。对于特定的组织，我们不仅要了解其细胞的特殊性，还要体会细胞间独特的排列方式，以及该组织在个体内的分布特点。植物组织的主要类型包括分生组织、保护组织、输导组织、薄壁组织、机械组织、分泌组织等。

一、实验目的

1. 掌握主要植物组织类型的细胞特点及排列方式。
2. 了解植物组织在体内的分布。

二、实验内容

1. 观察顶端分生组织和侧生分生组织的结构与分布。
2. 观察成熟组织，包括保护组织、机械组织、输导组织、薄壁组织、分泌组织的结构与分布。

三、实验仪器、用具及试剂

显微镜、载玻片、盖玻片、镊子、刀片、吸水纸、蒸馏水。

四、实验材料

1. 黑藻（*Hydrilla verticillata*）顶芽纵切片
2. 洋葱（*Allium cepa*）根尖纵切片
3. 椴树（*Tilia tuan*）茎横切片
4. 番薯（*Ipomoea batatas*）新鲜茎、叶片
5. 茶（*Camellia sinensis*）叶片的横切片
6. 南瓜（*Cucurbita moschata*）茎的横切片和纵切片
7. 海芋（*Alocasia odora*）叶柄
8. 梨（*Pyrus* spp.）果肉
9. 离析的梨果肉纤维
10. 烟草（*Nicotiana tabacum*）叶片
11. 姜（*Zingiber officinale*）根状茎

五、实验步骤

（一）分生组织的观察

1. 顶端分生组织的观察

取洋葱根尖或黑藻顶芽纵切片，寻找细胞分裂旺盛的区域，观察细胞分裂相。

🔍 观察与思考

① 在显微镜下分生区的细胞有何特点（包括细胞形状、大小，细胞核等形态特征）?
② 指出处于不同细胞周期的细胞形态的异同。

2. 观察椴树茎横切片，识别维管形成层和木栓形成层。

🔍 观察与思考

① 这两种分生组织的分布各有何特点?
② 在这两种分生组织中能否观察到正处于分裂时期的细胞，为什么?

（二）保护组织的观察

1. 番薯叶片的表皮的观察

用镊子撕取小块番薯叶片的下表皮，制片观察，识别表皮细胞、气孔器及腺鳞结构。

🔍 观察与思考

如果对番薯叶片做横切片，以上 3 种结构如何分布?

2. 茶叶片表皮的观察

取新鲜茶叶片横切片，制成临时装片，观察角质层、表皮细胞及气孔器等结构。

🔍 观察与思考

上、下表皮的角质层厚度、气孔分布是否有差异?

3. 椴树茎周皮的观察

观察椴树茎横切片，识别周皮结构。

（三）输导组织的观察

1. 南瓜茎的横切面观察

（1）取南瓜茎的横切片，在低倍镜下识别维管束在茎横切面上的分布特点。
（2）辨识维管束内的韧皮部和木质部及它们的相对位置。
（3）在 40 倍物镜下识别导管分子和筛管分子。

🔍 观察与思考

① 在南瓜茎的横切面上如何快速识别木质部？

② 南瓜茎的维管束属于双韧维管束，你能否根据显微镜的观察结果识别韧皮部？

2. 南瓜茎的纵切面观察

（1）取南瓜茎的纵切片，寻找图 3-1 所示的导管类型。

（2）根据横截面上木质部和韧皮部的相对位置，在纵切片上寻找韧皮部及韧皮部中的筛管和伴胞。

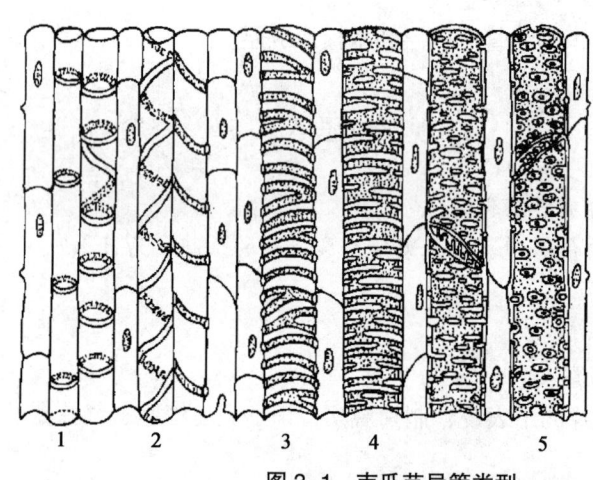

1.环纹导管

2.螺纹导管

3.梯纹导管

4.网纹导管

5.孔纹导管

1　　　2　　　3　　　4　　　5

图 3-1　南瓜茎导管类型

🔍 观察与思考

① 在你所观察的纵切片上能观察到几种导管分子？排列是否有规律？

② 在纵切面上筛板的结构有何特点？

③ 用番红和固绿染色，哪些结构显示红色？哪些结构显示绿色？

（四）薄壁组织的观察

1. 同化组织的观察

观察茶叶片横切片中的叶肉部分，识别薄壁细胞；判断栅栏组织和海绵组织的分布。

2. 通气组织的观察

取海芋叶柄，徒手切片并制片观察。

（五）机械组织的观察

1. 厚角组织的观察

取番薯新鲜茎，徒手切片并制片观察，观察茎表皮内侧细胞的细胞壁形态。

观察与思考

① 厚角组织在番薯茎的横切面上如何分布？
② 在番薯茎的横切面上能否找到薄壁细胞？

2. 厚壁组织的观察
（1）用镊子夹取少许梨果肉，压片观察，留意石细胞的细胞壁与细胞腔的比例。
（2）取经离析的纤维，制片观察。
（3）观察椴树茎横切片，分别在韧皮部和木质部中寻找纤维细胞（纤维细胞的细胞壁厚而细胞腔小）。

（六）分泌细胞的观察

1. 用烟草叶片进行徒手切片，制片并观察表皮外的腺毛结构。
2. 取姜根状茎进行徒手切片，制片观察，留意特殊形态的细胞，识别分泌细胞。

六、实验报告

根据实验观察绘制细胞结构，并说明植物体内不同组织类型的细胞所在的部位、结构特征及其功能。

细胞类型	存在的部位	结构特征	图示	功能
表皮细胞				
保卫细胞				
木栓细胞				
厚角组织细胞				
石细胞				
纤维细胞				
导管分子				
筛管分子				
伴胞				

实验四

被子植物的根

　　根大多生于土壤中，是种子植物的地下器官。根的主要功能是把植物固定在土壤中，并从土壤中吸收水分和无机盐。植物有不同类型的根和根系，但都具有与其功能相适应的形态结构。此外，少数植物还有变态根。

一、实验目的

1. 了解被子植物的根尖分区。
2. 了解被子植物根的初生结构与侧根发生。
3. 了解被子植物根的次生结构及根瘤的形态。
4. 观察变态根的主要类型。

二、实验内容

1. 观察萝卜根尖外形及其临时压片，了解根尖的分区。
2. 观察鸢尾根及蚕豆根横切面，了解根的初生结构。
3. 观察桑老根横切面，了解根的次生结构。
4. 观察花生根瘤横切面，了解根瘤的结构与形态。
5. 观察蚕豆侧根横切面，了解侧根发生的部位。
6. 观察有关实验材料，了解变态根的主要类型。

三、实验仪器、用具及试剂

显微镜、擦镜纸、镊子、载玻片、盖玻片、放大镜、吸水纸、蒸馏水及实验工具盒。

四、实验材料

1. 萝卜（*Raphanus sativus*）根尖
2. 小麦（*Triticum aestivum*）根尖纵切片
3. 鸢尾（*Iris tectorum*）根横切片
4. 芋属植物（*Colocasia* spp.）根
5. 陆地棉（*Gossypium hirsutum*）幼根横切片
6. 桑（*Morus alba*）老根横切片
7. 甜橙（*Citrus sinensis*）根横切片
8. 蚕豆（*Vicia faba*）根横切片（示侧根产生）

9. 花生（*Arachis hypogaea*）根瘤横切片

10. 花生、紫云英（*Astragalus sinicus*）、田菁（*Sesbania cannabina*）具根瘤的植株

11. 马尾松（*Pinus massoniana*）具菌根的植株

12. 萝卜等根的变态实验材料

五、实验步骤

（一）根尖分区

用镊子取小麦或萝卜根尖，置于载玻片上的水滴中，用肉眼或放大镜观察，先从外部区分根尖分区（图 4-1）。整条根尖呈乳白色，其最先端呈淡黄色的是根冠和包被在其内方的一部分分生区。距根冠的一定长度之处可见根毛，根毛长度由而上逐渐增长，具有根毛的这一段为根毛区。根毛区以下至分生区以上这一段，略为透明的是伸长区。然后用另一载玻片覆盖于根尖上，适当用手加压，把根尖稍压扁，再取去上方的载玻片，制成临时装片，置于低倍镜下观察，区分根冠、分生区、伸长区和根毛区（图 4-2）。重点在根毛区的表皮中找到适合观察的根毛，移至视场中央，转于高倍镜下观察，可见根毛是由表皮细胞的外壁向外突出而成的顶端封闭的管状结构，细胞核常在根毛的先端（图 4-3）。适当调节光线的强度时，可见大液泡。根毛区的表皮属于吸收组织。

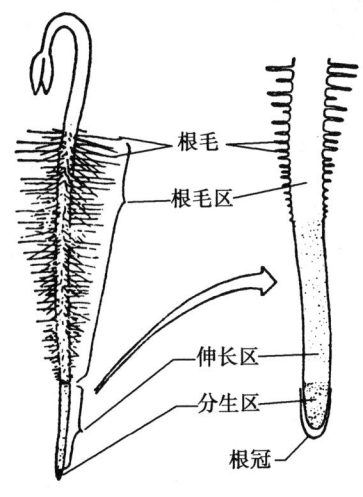

图 4-1　萝卜根尖外形与分区

（二）单子叶植物根的初生结构

取鸢尾根横切片，先在低倍镜下观察，从外至内区分为表皮、皮层、维管柱三部分，然后转于高倍镜下详细观察各部分（图 4-4）。注意各部分的位置、细胞层数、细胞排列方式及其形态结构特点。

1. 表皮

表皮是根最外方的单层而扁平的细胞，排列紧密而没有胞间隙。有时可见根毛或其残余，因切片取材位置而异，如在根毛区以上稍老部位的切片，其表皮脱落而不见根毛。或因切片技术上的原因，根毛未能保存下来。

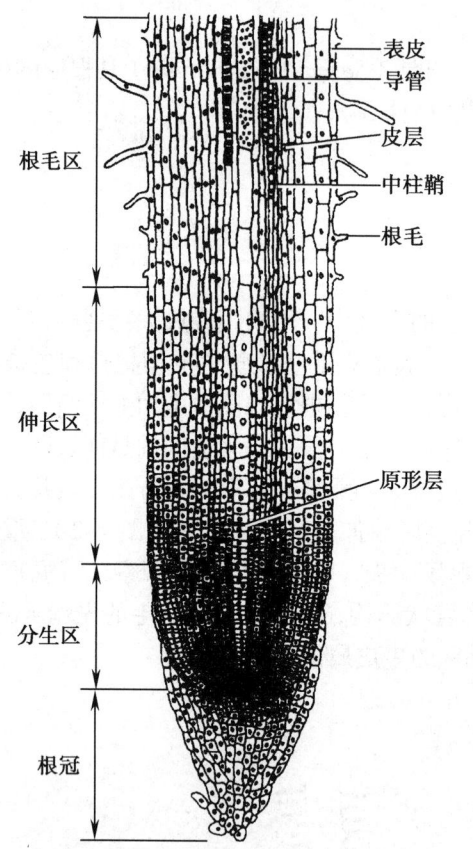

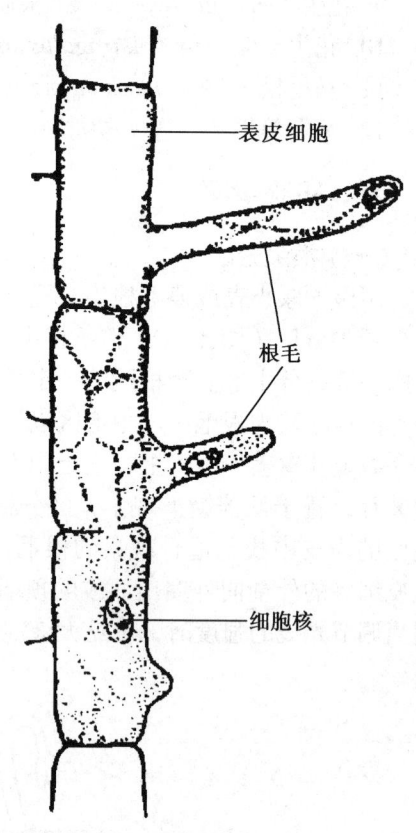

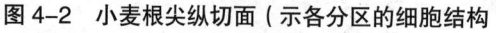

图 4-2　小麦根尖纵切面（示各分区的细胞结构）　　　图 4-3　根毛形成过程

2. 皮层

（1）外皮层：紧连表皮以内，常为 1~3 层多边形较小的细胞，排列紧密。在较老的根中，其细胞壁常常木化或栓化而增厚。

（2）皮层薄壁组织：是外皮层以内 10~20 层的薄壁细胞。细胞在横切面上近于圆形，排列疏松，有许多胞间隙。细胞内常含有许多淀粉粒。

（3）内皮层：是皮层最内的一层细胞，它环绕在维管柱外方，紧密地排成明显的一环。在内皮层细胞的径向壁（两侧的细胞壁）和横向壁（上下的细胞壁）有一条木化和栓化的带状增厚，称为凯氏带，故在横切面可以在内皮层的径向壁上看到凯氏点增厚。

在根生长中后期，大多数内皮层细胞已分化形成了次生增厚的细胞壁。除外切向壁仍薄之外，其余的壁高度增厚，在横切面上则呈"马蹄形"增厚（图 4-5）。有少数内皮层细胞的细胞壁并不随着皮层细胞的生长而增厚，仍保持初期发育阶段的结构，其位置正对着维管束的原生木质部"射角"处的导管，这种细胞叫_____。

3. 维管柱（中柱）

（1）维管柱鞘（中柱鞘）：紧接内皮层的内部，是一层排列紧密、细胞较为扁平的、较小的生活薄壁细胞。

（2）初生木质部：分成 7 个或更多个放射状的束，与初生韧皮部相间排列。每束初生木质部靠近中柱鞘的细胞分化较早，直径较小，为原生木质部；靠近轴心的初生木质部细

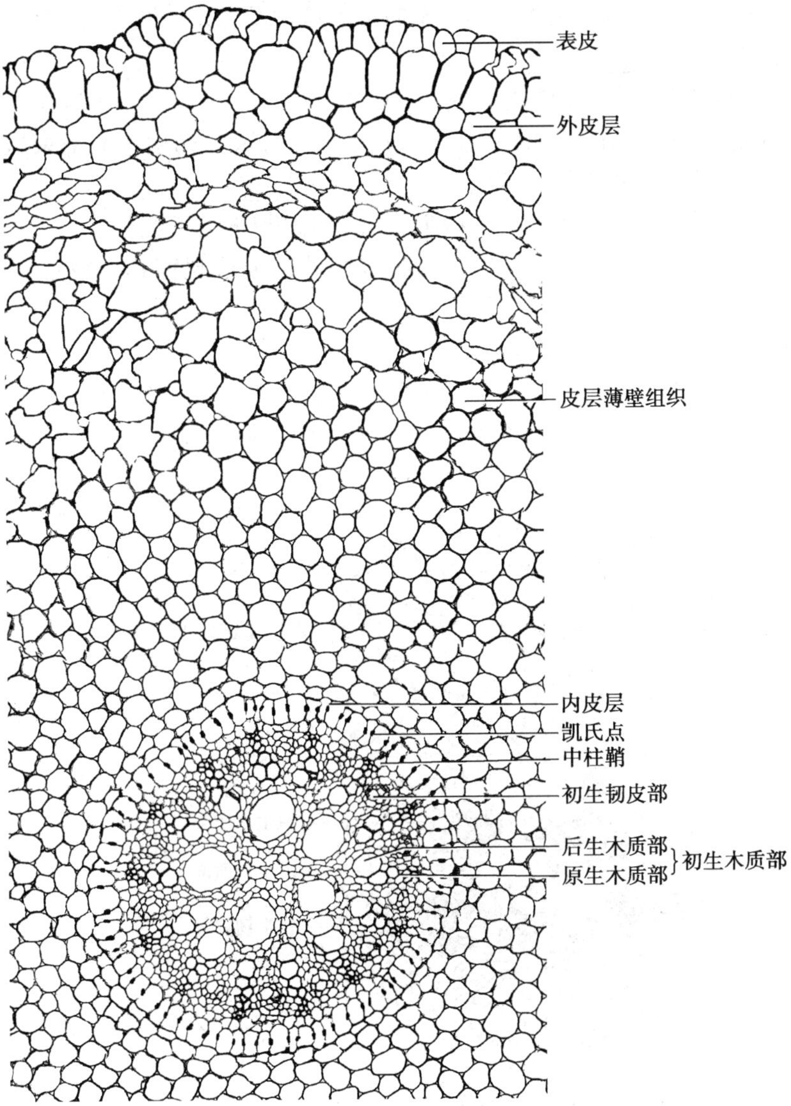

表皮

外皮层

皮层薄壁组织

内皮层
凯氏点
中柱鞘
初生韧皮部
后生木质部 ⎫
原生木质部 ⎭ 初生木质部

图 4-4　鸢尾根根毛区横切面

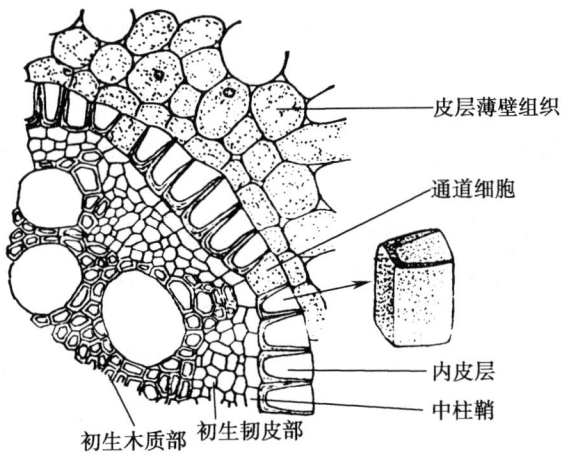

皮层薄壁组织

通道细胞

内皮层

中柱鞘

初生木质部　初生韧皮部

图 4-5　鸢尾根根毛区横切面的一部分（示"马蹄形"增厚的内皮层）

胞分化较晚，直径较大，为后生木质部。木质部的这种发育方式称为_____始式。这种发育方式的生理意义为_____。

像鸢尾根中有 7 束以上的初生木质部称为多原型。

（3）初生韧皮部：仅由薄壁的筛管和伴胞组成，分成与初生木质部束数相同的若干束，相间排列。其成熟方式与初生木质部相同，也为_____。

（4）髓部：在维管柱的中央，是一群细胞壁木化增厚的薄壁细胞。

另取芋属植物根，做临时徒手横切，制成装片，镜检观察其内皮层细胞的凯氏带（点）的特征。

（三）双子叶植物根的初生结构

取蚕豆（或陆地棉）根毛区的横切制片观察，从外向内也分为表皮、皮层和中柱三部分（图 4-6）。但它与鸢尾等单子叶植物的根有所不同，主要区别是：

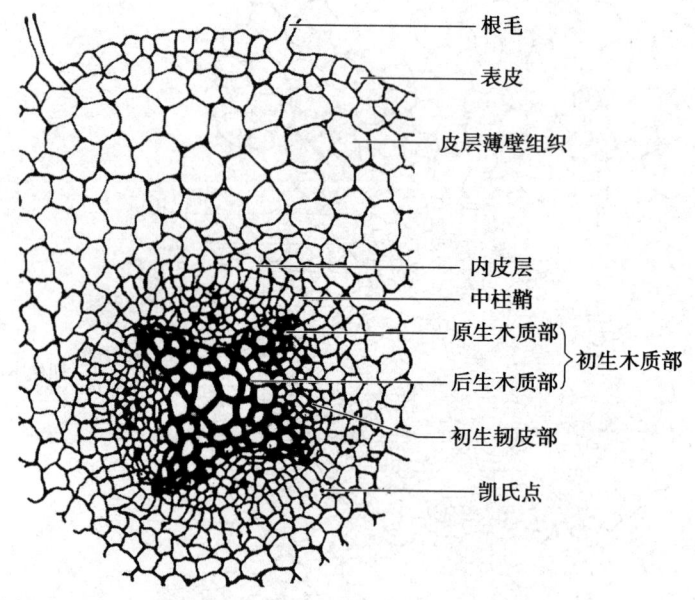

图 4-6　陆地棉幼根横切面（示双子叶植物根的初生结构）

1. 双子叶植物初生根的内皮层细胞通常进行凯氏带加厚，通常没有类似一些单子叶植物根的五面加厚情况，所以横切面观察常呈凯氏点。

2. 初生木质部常为 4 ~ 7 束呈星芒状，一般为 4 ~ 5 束；而单子叶植物常为多原型。

3. 在双子叶植物幼根中，初生木质部与初生韧皮部之间有几层薄壁细胞？

（四）双子叶植物根的次生结构

取桑老根横切片，首先低倍镜观察，从外至内区分周皮、次生韧皮部、维管形成层、次生木质部等几大部分（图 4-7）；然后转于高倍镜下详细观察。

1. 周皮

周皮是老根最外的几层扁平、径向排列整齐而紧密的长方形细胞，在切片中它们着色较浅，常呈淡黄色甚至无色。它们由_____、_____、_____三部分组成，但三者难以区分。

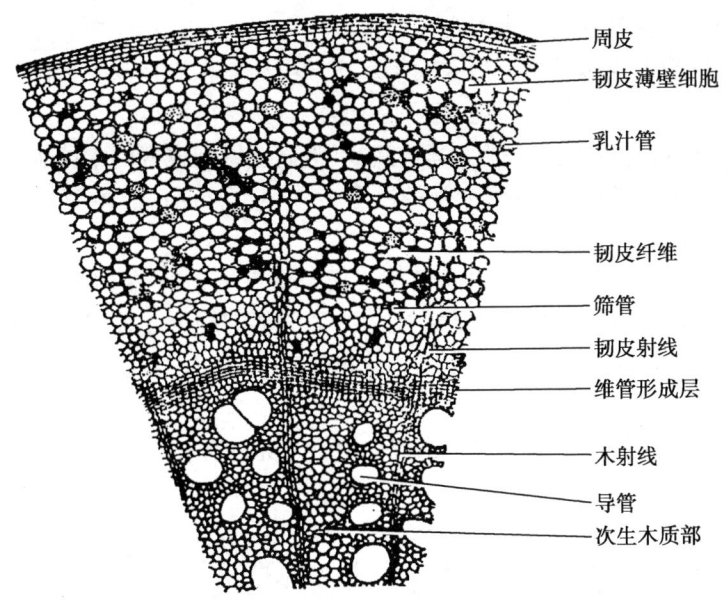

图 4-7 桑老根的次生结构

2. 次生韧皮部

次生韧皮部是周皮以内、维管形成层以外的部分，它由筛管、_____、_____、_____和_____等组成。

（1）韧皮射线：次生韧皮部中，有数条韧皮射线呈放射状分布，在永久片中其细胞常被固绿染料染成绿色，每条射线由一至数列长方形的生活薄壁细胞以其径向壁伸长相接而成。它在内方毗连维管形成层而与次生木质部中的木射线相对；在根的外方，终止于周皮的栓内层（在二原型的桑根中，正对着初生木质部中的射线则较宽，含有多列的射线细胞）。

（2）韧皮纤维：分散在韧皮射线等组织细胞之间。在染色良好的切片中，韧皮纤维呈红色，较分散存在，少见多个纤维细胞相连成束。在一些切片中，其细胞壁收缩变形，是切片制作中产生的假象。

（3）韧皮薄壁细胞、筛管和伴胞：韧皮射线之间，还有圆形或长圆形的韧皮薄壁细胞，细胞排列较为疏松，细胞内含大量的贮藏营养物质。筛管和伴胞与韧皮薄壁细胞相间存在，可依两者在横切面上的形状和大小加以区分，尤其在近维管形成层的外方之处，较易区分筛管和伴胞。

3. 维管形成层

在次生韧皮部和次生木质部之间有几层薄壁细胞，其长轴沿圆周方向排列，其中的一列为维管形成层细胞。其内方和外方的细胞，分别是正在生长分化中的次生木质部以及次生韧皮部的细胞。

4. 次生木质部

在维管形成层以内，占大部分的为次生木质部，被染上红色。它由导管、_____、_____、_____和_____等部分组成。注意观察以下几部分：

（1）木射线：木射线始于次生木质部的一定部位，与次生韧皮部的韧皮射线隔着维管形成层而相对应。其细胞的形状、排列和韧皮射线相同；但其细胞壁多少木化增厚，在细胞内也含大量的贮藏营养物质。木射线与韧皮射线合称为＿＿＿＿＿＿＿＿。

（2）导管和管胞：许多导管分散在次生木质部中，它在横切面上近圆形、管口最大并具有较厚的次生壁；管胞在横切面上常为四边形，但其口径很小。

（3）木纤维和木薄壁细胞：次生木质部中可明显地见到成群的木纤维细胞，其细胞较大、常为多边形，细胞壁较木薄壁细胞的壁厚，着色也较深；而木薄壁细胞内多含有淀粉粒。

（4）初生木质部（不属于次生结构部分，属于保存下来的初生结构）：在根的最中心为二原型或三原型的初生木质部。注意：初生木质部的细胞壁比外围次生木质部的细胞壁厚而染成更深的红色。每个束中，外方的导管口径较小，而内方的导管口径较大。其成熟方式为＿＿＿＿＿＿＿。

注意：有些双子叶植物根的中央有髓部，桑根则无髓部。

（五）侧根的产生

取蚕豆根横切片，于显微镜下观察，可见侧根产生于原生木质部外方的维管柱鞘细胞（图4-8），这表明侧根是由根的深层部位组织产生，即起源于根的内部组织，称为＿＿＿＿＿＿。

也可用玉米根的横切片观察侧根的产生。

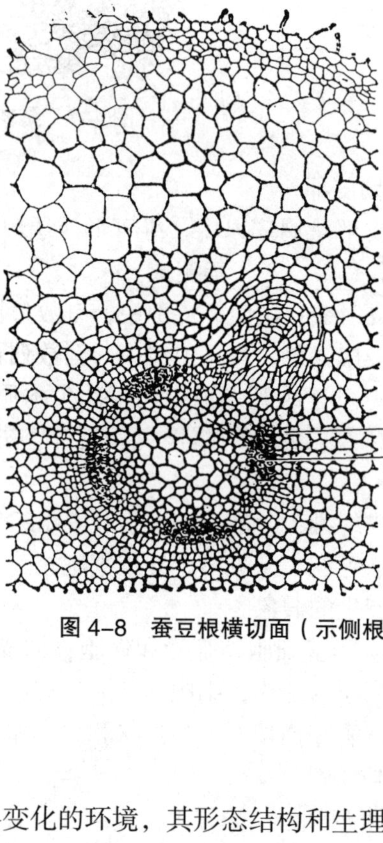

（六）根瘤和菌根

根瘤是＿＿＿＿和＿＿＿＿两部分共生而成的瘤状结构。肉眼观察花生、田菁、紫云英等豆科植物的根系，认识根瘤的形态。

菌根是＿＿＿＿和＿＿＿＿共生而成的结构。用放大镜观察马尾松幼苗的幼根，其根尖常变粗而不具根毛，在根尖外部常被有一层白色绒毛状的菌丝体，即为菌根。注意：菌根特别粗短，常具珊瑚状的分枝。

维管柱鞘细胞
原生木质部

图4-8　蚕豆根横切面（示侧根的产生）

（七）根的变态

有些植物的营养器官，由于长期适应外界变化的环境，其形态结构和生理功能都发生可遗传的变化的现象，称为器官的变态。

对照图解（图4-9、图4-10、图4-11），观察对应的实验材料，结合理论课教材上相关的内容，主要根据其来源和结构特点、着生部位等进行判断，了解常见的变态根的主要类型。

🔍 **观察与思考**

① 通过观察根尖分区，进一步了解各分区是如何发展和变化的？

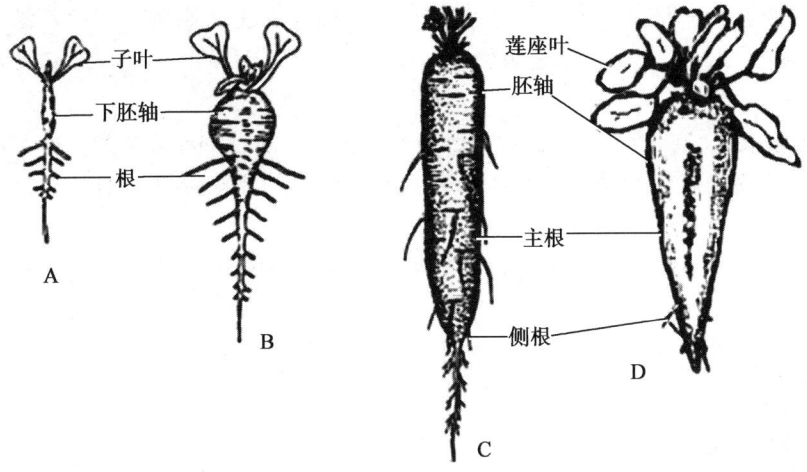

图4-9　几种贮藏根的形态

A，B. 萝卜肉质根的发育与外形；C. 胡萝卜的肉质根；D. 甜菜的肉质根

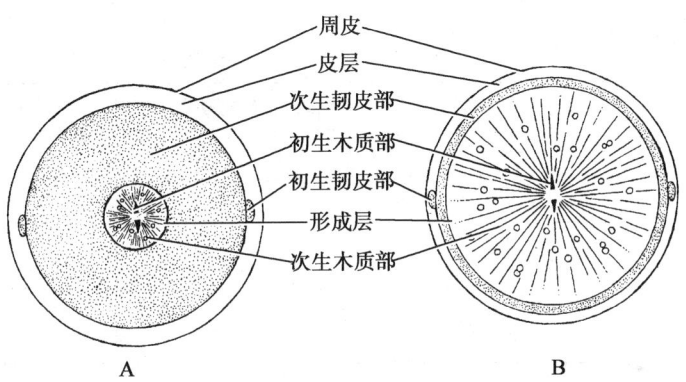

图4-10　胡萝卜（A）和萝卜（B）贮藏根的横切面图解

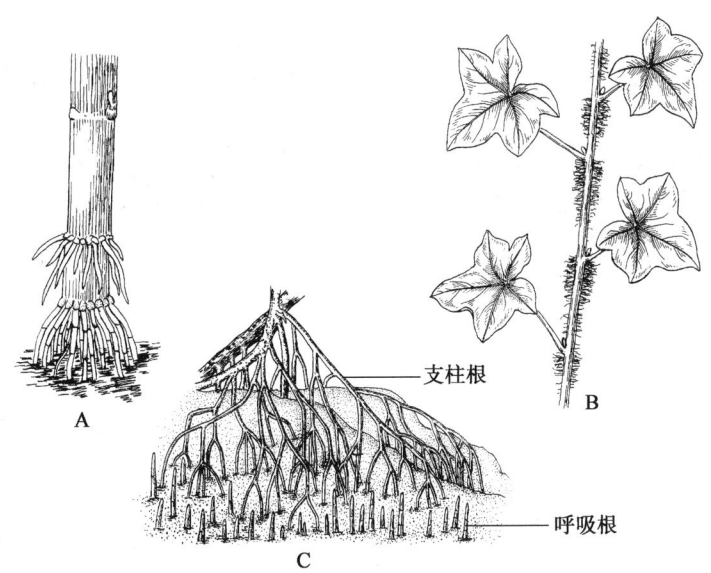

图4-11　几种植物的气生根

A. 玉米支柱根；B. 常春藤的攀缘根；C. 红树的支柱根和呼吸根

② 根尖分区中，根尖细胞的分裂、生长和分化分别发生在哪些部位？根吸收水分和无机盐主要在_____区。根尖的伸长是_____区和_____区共同作用的结果。

③ 根毛区表皮吸收的水分和无机盐，由外至内依次通过哪些细胞组织进入根的导管？

④ 如何从位置和结构特点区分根的初生木质部和初生韧皮部？为什么说根的初生木质部发育成熟方式为外始式？

⑤ 根的横切面中，次生木质部和次生韧皮部的排列位置同初生木质部和初生韧皮部的排列位置有何不同？

⑥ 根的增粗是由于_____和_____的产生、分裂、生长及分化的结果。

六、实验报告

1. 绘鸢尾根横切面的一部分详图，示根的初生结构。
2. 绘桑根横切面的一部分简图，示根的次生结构。
3. 将根的变态观察结果填入下表。

变态根	形态和结构特点	主要功能	举例
肉质直根			
块根			
支柱根			
攀缘根			
呼吸根			
寄生根			

实验五

被子植物的茎

被子植物的茎是生长在地上的营养器官之一，它下部连接着根，上部连接和支持着叶、花和果实。茎的主要功能是机械支持作用和输导作用。

茎是由芽发育而成，芽具有发育成茎的基本结构。茎同样具有与其功能相适应的形态结构，部分植物的茎还具有形成层，能够进行次生生长，产生次生结构。禾本科植物的茎有其自身的结构特点。为了与其生长的环境相适应，茎也有多种的变态类型。

一、实验目的

1. 了解芽的内部结构。
2. 了解双子叶植物茎的初生结构和次生结构。
3. 了解禾本科植物茎（节间）的结构特点。
4. 了解茎变态的主要类型。

二、实验内容

1. 观察黑藻顶芽纵切面，了解芽的内部结构。
2. 观察向日葵幼茎横切面、椴树茎横切面，分别了解双子叶植物茎的初生结构与次生结构。
3. 观察稻茎（或竹茎）、甘蔗茎横切面，了解禾本科植物茎的结构特点。
4. 观察有关标本、图解和实物，了解变态茎的主要类型。

三、实验仪器、用具及试剂

显微镜、擦镜纸、吸水纸、实验工具盒、蒸馏水、I_2–KI 溶液。

四、实验材料

1. 黑藻（*Hydrilla verticillata*）顶芽纵切片
2. 向日葵（*Helianthus annuus*）茎横切片
3. 番薯（*Ipomoea batatas*）茎
4. 南洋楹（*Falcataria falcata*）枝条
5. 椴树（*Tilia tuan*）茎横切片
6. 水稻（*Oryza sativa*）茎横切片
7. 甘蔗（*Saccharum officinarum*）、玉米（*Zea mays*）茎横切片

8. 竹亚科（Bambusoideae）的一种茎（节间）横切片

9. 马铃薯（*Solanum tuberosum*）等茎的变态实物

10. 番薯茎的新鲜材料

五、实验步骤

（一）顶芽的结构

取黑藻顶芽纵切片，在低倍镜下观察，可见芽的中央为幼嫩的茎尖，其先端的圆锥状突起，叫_____。其下方的侧向小突起为叶原基，叶原基由下至上渐次生长和增大，较下方的已伸长为_____，许多幼叶包围着生长锥。在一些幼叶的叶腋里可见侧生的突起，称为_____，而芽中央的轴称为_____。

（二）双子叶植物茎的初生结构

取向日葵茎横切片，在低倍镜下观察，它与根横切面一样，区分为_____、_____和_____三部分，但茎的维管柱包括维管束、髓射线和髓部。然后转于高倍镜下由外向内观察各部分的结构特点，并找出与根初生结构的不同（图 5-1）。

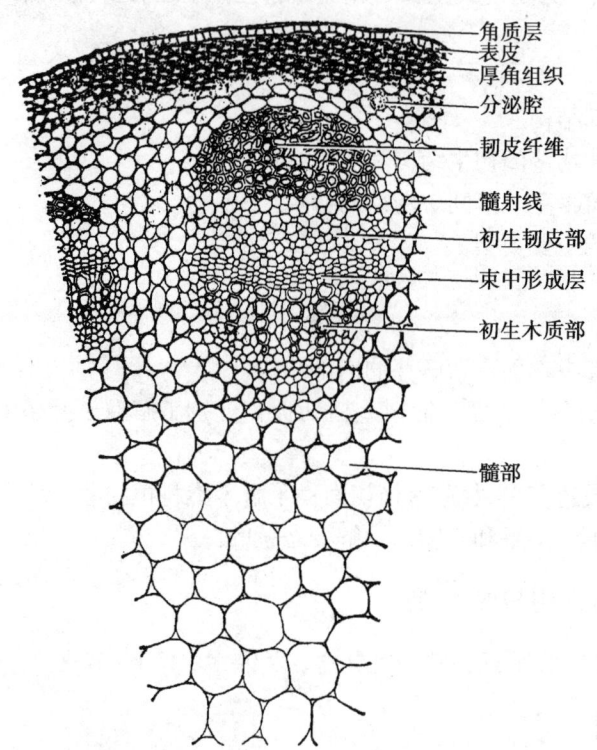

图 5-1　向日葵茎横切面（示茎的初生结构）

1. 表皮

表皮是茎最外侧的单层细胞，横切面上呈方形或长方形，排列整齐而紧密。注意表皮细胞的外壁有角质层，而其余各面的壁较薄。在一些表皮细胞之间，可见两个较小的保卫细胞及其之间的气孔。此外，还可见到由多细胞构成向外突出的表皮毛。茎的表皮是属于_____组织。

2. 皮层

在表皮以内、维管柱以外的多层细胞叫皮层，它从外至内依次分为厚角组织、皮层薄壁组织和淀粉鞘三部分。

（1）厚角组织：紧连表皮的内侧，有数层厚角组织细胞。注意细胞仅在切向壁上增厚。

（2）皮层薄壁组织：在厚角组织以内，有几层较大呈多边形或圆形的皮层薄壁细胞，它们排列略为疏松，在薄壁细胞之间还可见到分泌道（属内分泌结构之一）。在永久性切片中，厚角组织和薄壁组织细胞中的叶绿体不易见到。

（3）淀粉鞘：淀粉鞘是皮层最内的一层薄壁细胞，排列较紧密，细胞内常含有淀粉粒。但在永久切片中，因切片等原因，很少见到淀粉粒。

3. 维管柱

皮层以内所有结构为维管柱，它由_____、_____和_____三大部分组成。

（1）维管束：在横切面上，许多个维管束排列成一个间断的圆环，每个维管束略呈椭圆形。由于它的各种组织细胞排列紧密，染色较深，因而较易被识别。各维管束之间，都被髓射线细胞所分隔。在每个维管束中，靠茎的外侧为初生韧皮部，靠茎的内侧为初生木质部，两者之间为束中形成层，这种维管束类型叫_____。

① 初生韧皮部：在淀粉鞘的内侧，常有一束初生韧皮纤维（染成红色）。在纤维束以内，可见到筛管、伴胞及韧皮薄壁细胞。注意区分三者，其中口径较大、呈多边形的薄壁细胞为筛管分子；在其旁侧，常伴有较小的长方形或三角形的染色较浅的细胞即为伴胞。因此，与韧皮薄壁细胞有所区别。

② 束中形成层：指初生韧皮部与初生木质部之间的一层细胞，其细胞壁薄，呈方形或长方形。但在许多维管束中，该处常有几层同形细胞，排成整齐的行列，它们是一层束中形成层以及其向内、外衍生的子细胞（在一些切片中，可见束间形成层，这是制片时取材较老、产生了一部分次生结构之故）。

③ 初生木质部：它是维管束近茎中心的部分，包括原生木质部和后生木质部。其中细胞壁较厚而口径较大的细胞为导管，在永久切片中常被番红染料染成红色。在较大的维管束中，许多导管沿径向整齐地排列。各列导管的口径由内向外逐渐增大，靠内侧的是原生木质部，靠外侧的是后生木质部。所以，茎的初生木质部的组织是由内向外地离心分化成熟，这种成熟方式称为_____。在横切面上，较难区分导管和管胞。导管一般较圆而管胞略呈方形或四边形。木薄壁细胞分散在导管、管胞之间，其细胞壁木化而略为增厚。

（2）髓部：髓部在茎的中央，由一群较大的圆形或多边形的生活薄壁细胞组成，细胞排列较疏松。

（3）髓射线：在两个相邻维管束之间，由许多薄壁细胞组成，内接髓部，外连皮层细胞（在部分切片中，有些髓射线已产生了束间形成层）。

另取番薯茎制作临时横切片，加 I_2-KI 液染色数分钟，在低倍镜下观察，与向日葵茎的结构进行比较，注意以下几个方面：

① 在皮层最内一层的淀粉鞘细胞排列整齐，细胞内的贮藏淀粉粒被染成明显的蓝紫色，这是新鲜材料中淀粉粒对碘发生特性反应之故。

② 维管组织形成几乎连续的圆环。

③ 木质部的内、外均有韧皮部，因此属于双韧维管束。

此外，皮层厚角组织的细胞壁在角隅部分增厚；皮层薄壁组织中分布有乳汁管。

（三）木本植物茎的次生结构

1. 取南洋楹枝条，用肉眼观察茎的横断面，区分树皮、木质部、髓部等几大部分及维管形成层的大致位置。

2. 用显微镜观察椴树茎横切片，先用低倍镜观察，区分其各大部分（周皮、皮层、次生维管组织等），然后转于高倍镜下由外至内详细观察（图 5-2）。

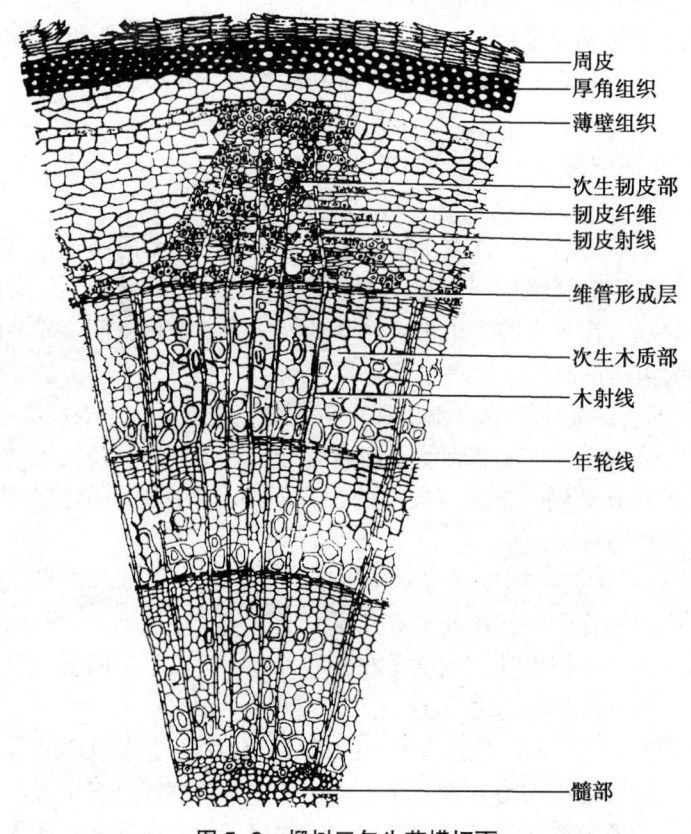

图 5-2　椴树三年生茎横切面

注意：比较椴树茎的次生结构与桑老根的次生结构，发现它们有许多相同之处，如周皮、次生维管组织（次生韧皮部、维管形成层和次生木质部）；而椴树茎则有以下主要不同点：

（1）周皮中的三部分（木栓层、木栓形成层和栓内层）较容易区别；周皮上有皮孔。

（2）维管形成层由束中形成层和束间形成层组成；次生木质部具有早材和晚材组成的年轮。

（3）保留的初生结构有：皮层（周皮的内侧）、髓射线、髓部和初生木质部（成熟方式为内始式）。

（四）禾本科植物茎（节间）的结构

1. 节间中空的茎

取水稻茎横切片，先用低倍镜观察，由外至内区分其表皮、厚壁组织、基本组织和维管束等几大部分（图 5-3）。然后转于高倍镜下进行详细观察。

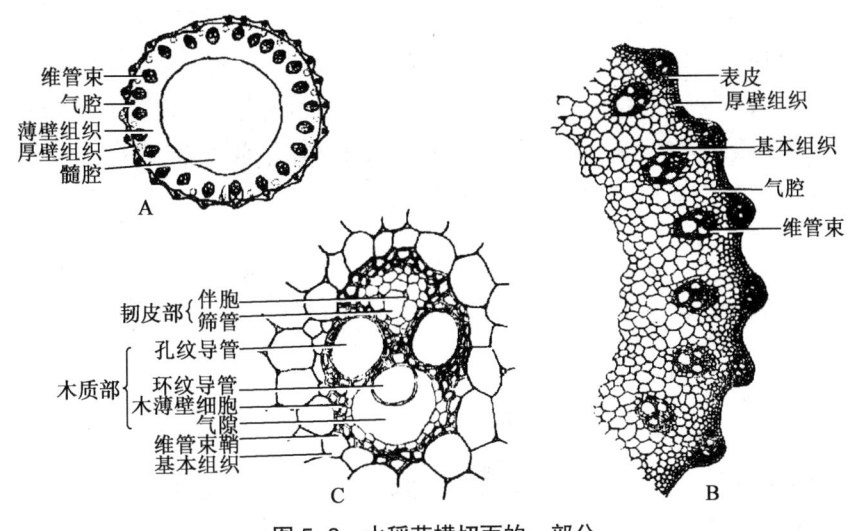

图 5-3　水稻茎横切面的一部分

A. 横切面轮廓图；B. 横切面的部分放大；C. 一个维管束的放大

（1）表皮：茎最外侧的单层细胞，在横切面上近于方形，细胞小而排列紧密，其外壁角化、硅化或栓化（其详细特征将在叶片表皮的实验中观察）。有些切片中可见气孔，体积很小的是保卫细胞，其旁侧较大的为副卫细胞。

（2）厚壁组织：是紧接表皮内侧的几层多边形细胞，其细胞壁木化增厚，染成红色，细胞腔小，没有生活的原生质体。

（3）基本组织：在厚壁组织以内，由大量的薄壁细胞组成，其中散布有许多维管束。注意：近外侧的基本组织细胞较小，细胞内常含有叶绿体，但在永久切片中因制片原因不易见到叶绿体；而近内侧的基本组织细胞较大，细胞内含有淀粉粒；茎中央的薄壁细胞已解体消失，形成髓腔。

（4）维管束：在基本组织的细胞之间排列成内、外两环。注意外环的各维管束较小，常与厚壁组织相连；内环的各维管束较大。详细观察一个较大的维管束的结构特征。

① 维管束鞘：在维管束的最外围，由数层厚壁细胞组成，尤其在内、外侧较多，径向两侧较少。

② 初生韧皮部：在维管束中靠茎的外侧，由原生韧皮部和后生韧皮部组成，原生韧皮部靠外侧，常被挤毁；内侧的后生韧皮部由较大的多边形的筛管及较小的四边形或三角形的伴胞组成。

③ 初生木质部：在维管束中靠内侧，其横切面呈"V"形。"V"形的上半部，常见2个较大的孔纹导管以及两者之间较小的木薄壁细胞和管胞；"V"形的下半部是原生木质部，有 2～3 个较小的环纹或螺纹导管，沿径向排列。其外围还有一些木薄壁细胞。

在一些维管束中，还可见到由于这些木薄壁细胞分离而形成的气隙和破坏了的环纹、螺纹导管。

水稻茎的维管束中，在初生韧皮部与初生木质部之间无形成层，故维管束类型属于_____。此外，在两环维管束之间还有许多气腔排成一个间断的圆环，气腔是属于通气组织之一。

另取竹茎横切片，在显微镜下观察。

2. 节间中实的茎

取甘蔗茎横切片，用显微镜观察，与节间中空的茎对比，注意以下特点：

（1）表皮以内是几层木化增厚的薄壁细胞，非厚壁的纤维。

（2）维管束星散分布于薄壁组织之间，非呈内外两轮（环）排列。

（3）茎中央为薄壁细胞所充实，非髓腔。

（五）茎的变态

参照有关的图解（图5-4，图5-5）观察实物，结合理论课教材上的相关内容，认识茎的变态。主要根据它们的着生位置、保留了的节与节间、具有的叶与芽等形态特征，与

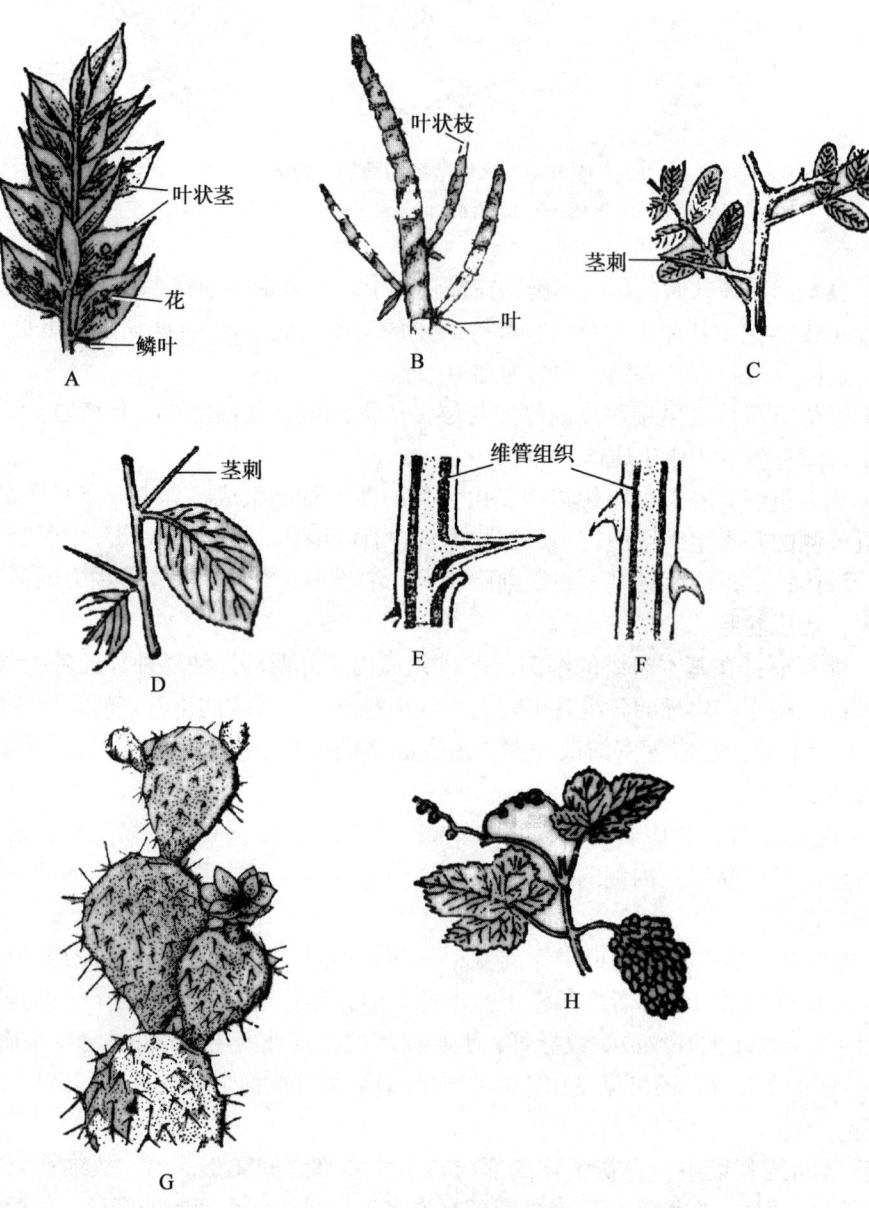

图5-4　茎的变态（地上茎）

A，B. 叶状茎（A. 假叶树，B. 竹节蓼）；C，D. 茎刺（C. 皂荚，D. 山楂）；

E. 茎刺；F. 皮刺；G. 肉质茎（仙人掌）；H. 茎卷须（葡萄）

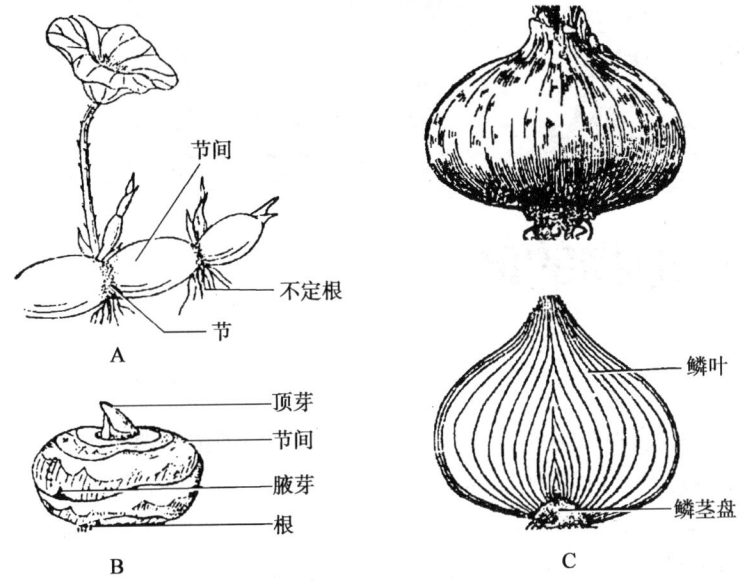

图 5-5　茎的变态（地下茎）

A. 莲的根状茎；B. 荸荠的球茎；C. 洋葱的鳞茎（上图示外形，下图示纵切面）

根的变态相比较。通过观察，了解常见变态茎的主要类型。

六、实验报告

1. 绘向日葵茎横切面的一部分，示其茎的初生结构。
2. 绘椴树茎横切面的一部分（简图），示其茎的次生结构。
3. 绘水稻茎横切面的一个维管束结构图。

实验六

被子植物的叶

叶是进行光合作用和蒸腾作用的重要营养器官。被子植物典型的完全叶一般由叶片、叶柄和托叶三部分组成。叶片形态多样，在植物分类中是经常利用的重要性状。细致地了解和掌握叶的形态及分类学术语，是学习叶的结构和开展植物分类学的基础。掌握不同类型植物叶片的结构对于理解不同叶的结构与不同的生理代谢方式的关系，及植物叶的结构对不同生态环境的适应，从而进一步了解植物与环境的关系是极为重要的。此外，我们还要了解叶的变态类型。

一、实验目的

1. 了解叶的基本形态特点与常用形态学术语。
2. 掌握双子叶植物和单子叶植物叶的结构特征，并区分其异同点。
3. 了解单子叶 C_4 植物（玉米）与 C_3 植物（小麦）叶在结构上的差别。
4. 理解植物叶在形态结构上对环境条件的适应，及其生态学意义。

二、实验仪器、用具及试剂

生物显微镜、放大镜、临时切片制作工具、绘图工具等。

三、实验材料

（一）叶的形态观察材料

1. 叶的组成、类型及叶序观察材料
2. 各类复叶观察材料（重点）
3. 叶的形态观察材料［叶尖、叶基、叶缘和叶脉（重点）］
4. 叶的各类变态类型材料

（二）叶的结构观察材料

1. 双子叶植物叶：番薯（*Ipomoea batatas*）、茶（*Camellia sinensis*）叶横切片等
2. 单子叶植物叶：甘蔗（*Saccharum officinarum*）、水稻（*Oryza sativa*）叶等
3. C_4 植物玉米（*Zea mays*）叶横切片、C_3 植物小麦（*Triticum aestivum*）叶横切片
4. 叶对环境的适应：夹竹桃（*Nerium oleander*）叶横切片、睡莲（*Nymphaea tetragona*）叶横切片等

四、实验内容及步骤

（一）叶的形态

利用实验材料及理论课教材分类学基础知识部分的内容，详细观察（必要时可利用放大镜）、对比、总结下列实验内容，建立各种形态学术语和概念对应的代表植物的关系。

1. 叶的组成、类型及叶序

（1）叶的组成：观察各种新鲜实验材料（包括实验室外种植的各类植物），了解和掌握完全叶和不完全叶的概念。

（2）叶的类型：观察各种新鲜实验材料，掌握单叶与复叶的概念。

（3）叶序：了解单叶互生、对生、轮生及簇生的概念，了解叶在茎上着生的镶嵌特性。

2. 各类复叶观察（重点）

羽状复叶（一至多回）、掌状复叶、三出复叶、单身复叶。

3. 叶的形态观察（叶尖、叶基、叶缘和叶脉）

（1）叶尖的类型

（2）叶基的类型

（3）叶缘的类型

（4）叶脉的类型（重点）

各平行脉类型（直出、侧出、射出、弧形），网状脉（羽状、掌状），叉状脉和辐射脉。

4. 叶的变态

利用实验材料观察各类叶的变态类型，包括苞叶、鳞叶、叶刺、叶卷须、捕虫叶和叶状柄（图 6-1）。

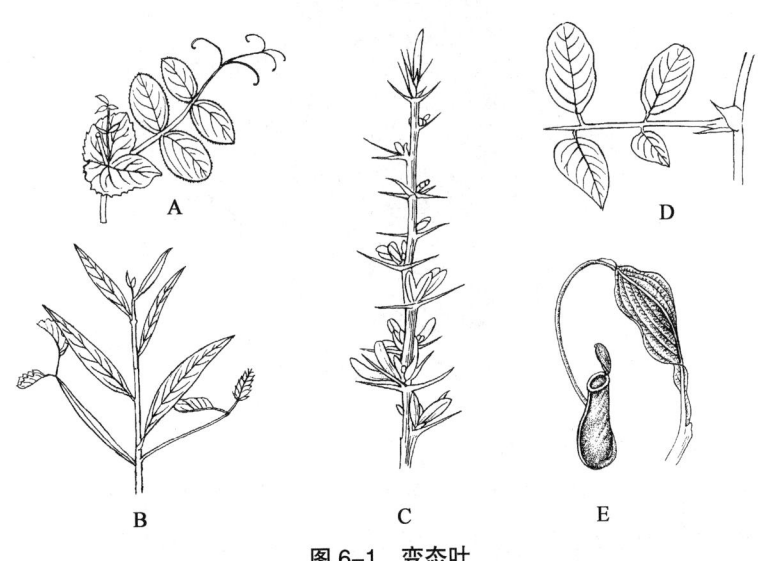

图 6-1　变态叶

A. 豌豆的叶卷须；B. 植物的叶状柄（金合欢属）；

C. 小檗的叶刺；D. 洋槐的托叶刺；E. 猪笼草的捕虫叶

（二）叶的解剖结构

1. 双子叶植物叶的解剖结构

（1）叶表皮的表面观结构——番薯叶表皮的观察：撕取番薯叶下表皮制成临时装片，观察表皮的构成及各种细胞结构的形态特点（图6-2）。仔细观察表皮细胞、气孔器的结构（注意观察有无副卫细胞）、腺鳞，注意表皮细胞的形状及其在气孔器周围分布的特点和相互联系。

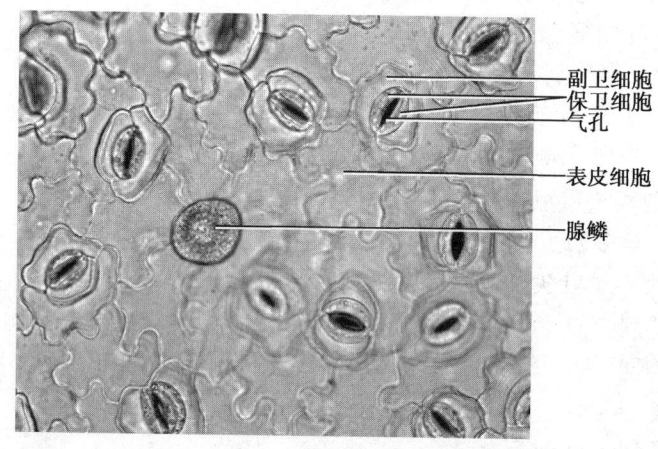

图6-2　番薯叶下表皮

（2）叶的解剖结构——茶叶横切面观察：取茶叶横切片于显微镜下观察，细致观察叶的三部分结构：表皮、叶肉和叶脉（图6-3）。

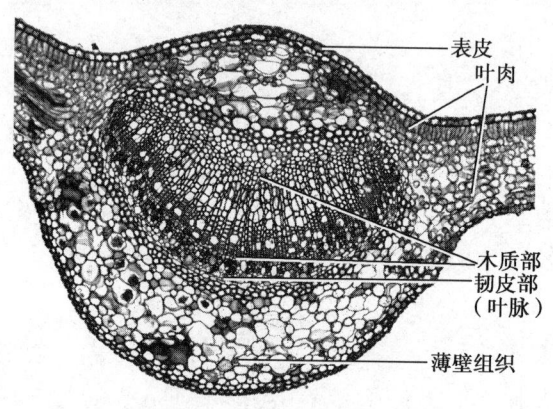

图6-3　茶叶的横切面

① 表皮：为一层细胞构成，分为上表皮与下表皮（注意如何区分）。上表皮由一层排列紧密、不含叶绿体的长方形细胞组成，外壁具有较厚的角质层；下表皮的构造与上表皮的构造相同，但角质层较薄。在下表皮上往往能看见气孔器的横切面（为什么下表皮容易看见？），在气孔的内方可以见一些较疏松的叶肉细胞围成的气室（孔下室）。观察气孔器的结构：保卫细胞横切面的形态、有无副卫细胞、保卫细胞横切面是在什么位置切过的，如果在其中央，你能否观察到围绕气孔的较厚的细胞壁？

② 叶肉：分化为栅栏组织与海绵组织，为典型的异面叶。栅栏组织紧贴上表皮，由 1～2 层排列紧密、整齐的长柱状细胞组成，细胞内含较多的叶绿体（你能观察到吗？）。注意观察栅栏组织细胞中叶绿体分布的位置特点，这样分布有什么意义？海绵组织位于栅栏组织和下表皮之间，由排列疏松、形状与大小不规则的细胞组成，细胞内叶绿体数量少，细胞间有较大的间隙。

③ 叶脉：包括主脉、侧脉和细脉，属网状脉。在横切面上，主脉一个，仅有横切面，而侧脉和细脉既有横切也有纵切（为什么？）。横切面主脉较大，也最复杂，是观察的重点。主脉分布于基本组织中，靠近上、下表皮往往具有机械组织分布（厚角组织或厚壁组织，如何判断？）。在机械组织内，是发达的薄壁组织。叶脉维管束的木质部靠近上表皮，韧皮部靠近下表皮。在主脉中，木质部和韧皮部之间尚有不活动的形成层。紧靠主脉木质部上方有染成红色发达的机械组织纤维，而靠近主脉韧皮部下方也有规则的红色纤维带分布，这些纤维有什么作用？侧脉维管束的组成趋于简单，木质部和韧皮部只有少数几个细胞（你能分清是什么细胞吗？），但一般具有薄壁细胞形成的维管束鞘，注意维管束鞘细胞与维管束之间的关系。间断分布的侧脉和细脉的纵切面你能观察到哪些结构？

2. 单子叶植物叶的解剖结构（以禾本科为代表）

（1）叶表皮的表面观结构——甘蔗叶表皮结构的观察：截取 2 cm × 0.5 cm 的一段甘蔗叶，用刀片轻轻将 0.5～1 cm 长的上表皮及叶肉部分刮掉（观察下表皮，反之观察上表皮），使材料基本无绿色、透明，制成临时装片观察。

注意观察叶脉区和脉间区的表皮（图 6-4）。表皮细胞：区分一种长细胞，两种短细胞（硅细胞、栓细胞），注意表皮细胞在表面形成厚的角质和硅质结构；对上表皮注意泡状细胞的分布位置及与长细胞的区别。气孔器：气孔器的分布位置（位于叶脉之间），气孔器的形状，气孔器的组成（保卫细胞的形状、数目；副卫细胞的形状、数目）。

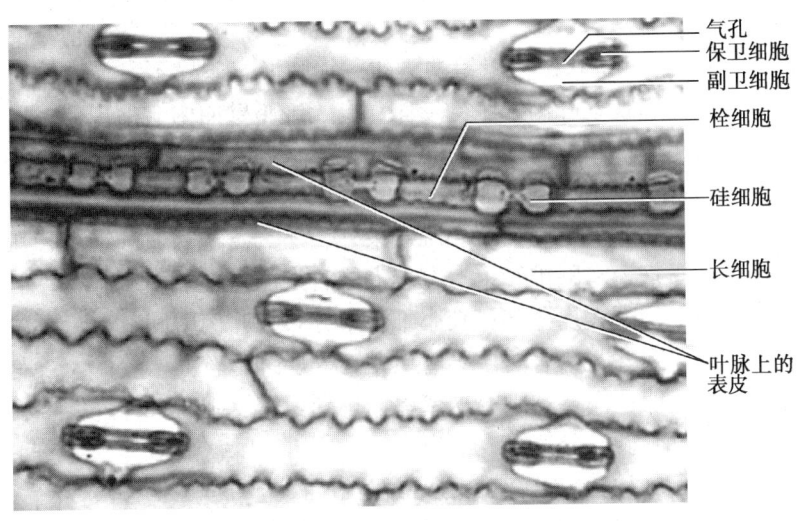

图 6-4　甘蔗叶表皮

（2）叶的解剖结构——水稻叶横切面观察：取水稻叶横切片，置于显微镜下逐项观察。其结构也是由表皮、叶肉和叶脉构成（图 6-5）。

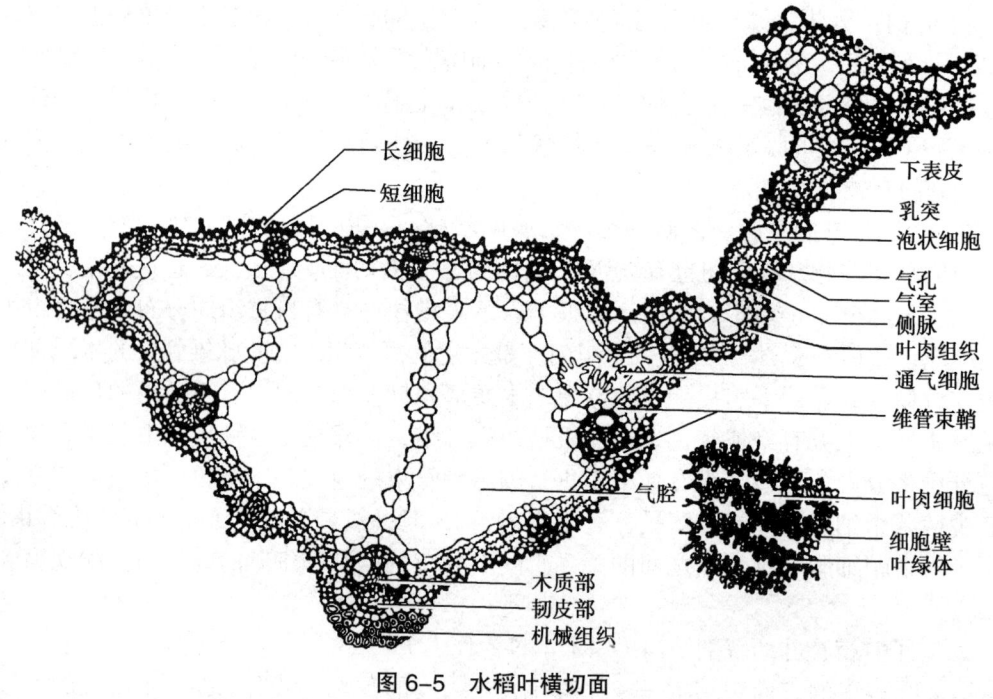

图6-5　水稻叶横切面

①　表皮：也是一层细胞构成，分为上、下表皮（如何区别？）。表皮细胞：每个表皮细胞外壁都具有很厚的染成红色的角质层和硅质层，在整个表皮表面，表皮细胞外壁具有各种发达的角质和硅质突起。在横切面一般难以区分长细胞和短细胞。气孔器：在上、下表皮仔细寻找和观察气孔器的横切面，区分保卫细胞和副卫细胞，特别是判断保卫细胞是从其哪个部位切过，了解哑铃型保卫细胞的特点。注意观察上表皮排列成扇形的泡状细胞分布的位置及横切面的特点，为什么说它与叶片卷曲运动有关？观察表皮有无表皮毛及其形态。

②　叶肉：没有海绵组织和栅栏组织的分化，细胞形态差异不大，为等面叶。叶肉细胞内含大量叶绿体，仔细观察叶肉细胞的形态，有无细胞壁向内皱褶现象，这种现象有什么意义？与茶叶叶肉相比，其叶肉细胞胞间隙的大小有无差异？

③　叶脉：在叶片的横切面上，可以看到大小不同的维管束相间排列，其脉序为平行脉。叶的中脉较为发达，除具叶肉组织和维管束外，还具发达的通气组织和几个大的通气腔。维管束与茎中一样都为有限维管束。在较大维管束的上、下两端各有一群染成红色的厚壁细胞，它们紧贴上、下表皮分布；较小维管束分布在叶肉中间，上、下往往无机械组织。叶肉中分布的维管束外，具有两层维管束鞘，外层细胞较大、壁薄，含有少量较叶肉细胞小的叶绿体，较透明；内层细胞小，壁厚，排列紧密。维管束为外韧维管束，木质部和韧皮部结构简单，可明显区分其组成细胞。

（三）C_3 植物和 C_4 植物叶的结构特征观察

在显微镜下观察玉米叶片横切面，并与 C_3 植物水稻叶片横切面比较。主要观察玉米叶维管束的结构。玉米维管束鞘只有一层大的薄壁细胞，其内叶绿体较多，体积较叶肉细胞中的大。同时，维管束鞘细胞外侧紧接一圈围绕其呈环状或近似于环状排列的叶肉细胞，两种共同形成一种"花环状"结构，这是 C_4 植物的结构特征。而 C_3 植物水稻叶维管束鞘两层，外层壁薄，且不含或含少量比其叶肉细胞内小的叶绿体，与叶肉未形成"花环状"结构。内层为厚壁细胞。不同的结构可作为区分其生理代谢（光合作用）类型的解剖学特征。

（四）不同生态环境下生长的植物叶结构特点观察

1. 旱生植物夹竹桃叶横切面观察

取夹竹桃叶横切片，置于显微镜下逐项观察：

（1）表皮：上、下表皮的表皮细胞2~3层，形成复表皮。细胞排列紧密，壁厚，外壁上有厚的角质层，下表皮有一部分细胞构成下陷的气孔窝，所有气孔分布于下表皮气孔窝中，气孔窝处有发达的表皮毛。

（2）叶肉：栅栏组织细胞排列非常紧密，紧贴上、下表皮，由3~4层细胞构成；海绵组织位于上、下栅栏组织之间，细胞层数较多，胞间隙不发达，但气孔窝上方有发达的胞间隙。在叶肉细胞中常含有簇晶体。

（3）叶脉：维管束发达。主脉很大，为双韧维管束。

2. 水生植物眼子菜叶横切面观察

取眼子菜叶横切片，置于显微镜下观察。叶脉处非常发达，由表皮、发达的通气组织和维管束构成，具有大量的通气腔。在叶片处，叶很薄，由表皮和3~4层叶肉构成。上表皮有气孔，表皮细胞较小，外壁具薄的角质层。叶肉细胞较大，含叶绿体数目较少，不具栅栏组织和海绵组织的分化，细胞较透明。维管束为通气组织包围，具有薄壁细胞的维管束鞘，其内有不同发达程度的机械组织。

观察与思考

① 通过观察，你认为被子植物叶与茎、根在结构上有什么相同点和不同点？

② 通过观察，归纳总结双子叶植物叶和单子叶植物叶在形态结构上的不同点。

③ 在结构上，植物叶如何适应旱生和水生的环境？这对于在植物演化过程中，了解植物和环境之间的关系有何意义？理解植物的生态类型具有什么意义？

④ 通过观察，说说你如何区分单叶、复叶及枝条？

实验七

被子植物的花和花序形态

观察被子植物中典型花的形态，掌握花的组成和各种常见的花冠、雄蕊、雌蕊等的类型及特征；观察常见的花序类型，掌握各种类型花序的特征和识别各种类型的花序。

一、实验目的

了解被子植物花的组成、形态特征和花序类型，学习花和花序的各种形态学术语。

二、实验内容

1. 观察典型的双子叶植物的花及单子叶植物的花，了解花的基本组成。
2. 观察不同植物的花，了解花萼、花冠、雄蕊群和雌蕊群的形态特征。
3. 观察不同植物的花序，识别不同的花序类型。

三、实验仪器、用具及试剂

体式显微镜、实验工具盒、擦镜纸、吸水纸、蒸馏水。

四、实验材料

（一）下列植物的花

1. 青菜（*Brassica rapa* var. *chinensis*）
2. 朱槿（*Hibiscus rosa-sinensis*）或悬铃花（*Malvaviscus arboreus*）
3. 百合科百合属（*Lilium*）植物
4. 小麦（*Triticum aestivum*）或水稻（*Oryza sativa*）
5. 刺桐（*Erythrina variegata*）或鸡冠刺桐（*E. crista-galli*）
6. 白兰（*Michelia × alba*）
7. 木棉（*Bombax ceiba*）或美丽异木棉（*Ceiba speciosa*）

（二）下列植物的花序

1. 猪屎豆（*Crotalaria pallida*）或紫罗兰（*Matthiola incana*）
2. 车前（*Plantago asiatica*）或青葙（*Celosia argentea*）
3. 红桑（*Acalypha wilkesiana*）
4. 构（*Broussonetia papyrifera*）雄花序
5. 玉米（*Zea mays*）雌花序
6. 海芋（*Alocasia odora*）

7. 鱼木（*Crateva religiosa*）或醉蝶花（*Tarenaya hassleriana*）

8. 葱（*Allium fistulosum*）

9. 韭菜（*Allium tuberosum*）

10. 肿柄菊（*Tithonia diversifolia*）、非洲菊（*Gerbera jamesonii*）或向日葵（*Helianthus annuus*）

11. 含羞草（*Mimosa pudica*）、台湾相思（*Acacia confusa*）或马缨丹（*Lantana camara*）

12. 对叶榕（*Ficus hispida*）或无花果（*F. carica*）

13. 大黍（*Panicum maximum*）

14. 枇杷（*Eriobotrya japonica*）或龙眼（*Dimocarpus longan*）

15. 水茄（*Solanum torvum*）

16. 紫茉莉（*Mirabilis jalapa*）或变叶珊瑚花（*Jatropha integerrima*）

17. 龙船花（*Ixora chinensis*）或长隔木（*Hamelia patens*）

18. 益母草（*Leonurus japonicus*）

19. 鹤望兰（*Strelitzia reginae*）

20. 补血草（*Limonium sinense*）

五、实验步骤

（一）花的结构

被子植物的花一般由花梗、花托、花萼、花冠、雄蕊群和雌蕊群组成（图7-1）。具有花萼、花冠、雄蕊群和雌蕊群的花称为完全花；缺少其中任何部分的花称为不完全花。通过花的中心有几个对称面的花为辐射对称花，又称为整齐花；通过花的中心只有一个对称面的花为两侧对称花，又称为不整齐花。

取正在开放的青菜花，先观察并判断花的对称性，然后由外到内逐轮解剖观察，对照图解识别花的组成部分。进而横切或纵切雌蕊子房部位观察胎座类型，纵切子房与花托结合部位观察子房位置。

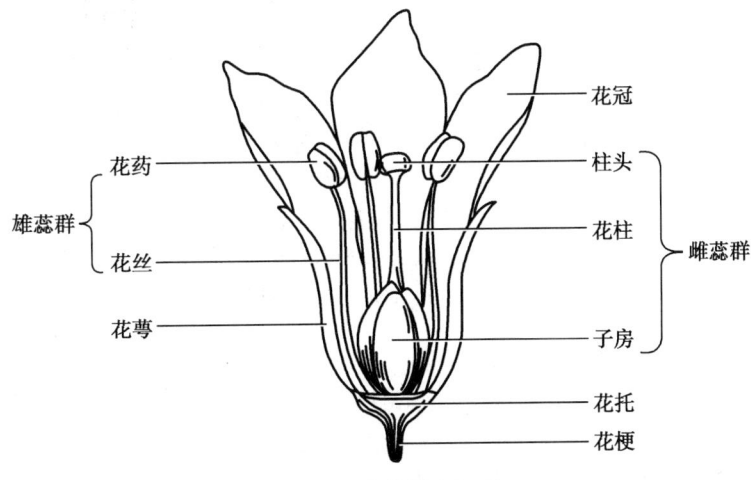

图7-1　花的基本组成

🔍 **观察与思考**

① 为什么说青菜花是完全花、整齐花？

② 青菜花的萼片彼此分离，这种花萼称为＿＿＿＿＿＿＿＿；其花瓣彼此分离，这种花冠称为＿＿＿＿＿＿＿＿；其花瓣各瓣相似，呈十字形排列，称为十字花冠。

③ 青菜花具有＿＿＿枚雄蕊，其中＿＿＿长＿＿＿短，这样的雄蕊称为＿＿＿雄蕊。

④ 青菜花具有1枚雌蕊，其柱头稍2裂；用刀片切取其子房的横切片，放在载玻片上，置于体式镜下观察，可见到有一薄的横隔膜把子房分成2室，每室有1列胚珠。依据柱头稍2裂、生有2列胚珠这些特征，可判断其雌蕊是由＿＿＿个心皮合生而成，这种雌蕊类型是＿＿＿＿＿＿＿＿＿。

（二）花的形态特征

按照观察青菜花的方法，取各种供实验的植物的花解剖观察，对照下列各图，识别花冠类型、雄蕊类型、雌蕊类型、子房位置类型和胎座式。

1. 花冠类型

由于花瓣离合情况不同、花冠筒长短及粗细不同、花冠裂片形态不同，形成了不同的花冠类型，如筒状花冠、漏斗状花冠、唇形花冠、蝶形花冠等（图7-2）。

取各种实验材料进行观察，识别各种花冠类型。

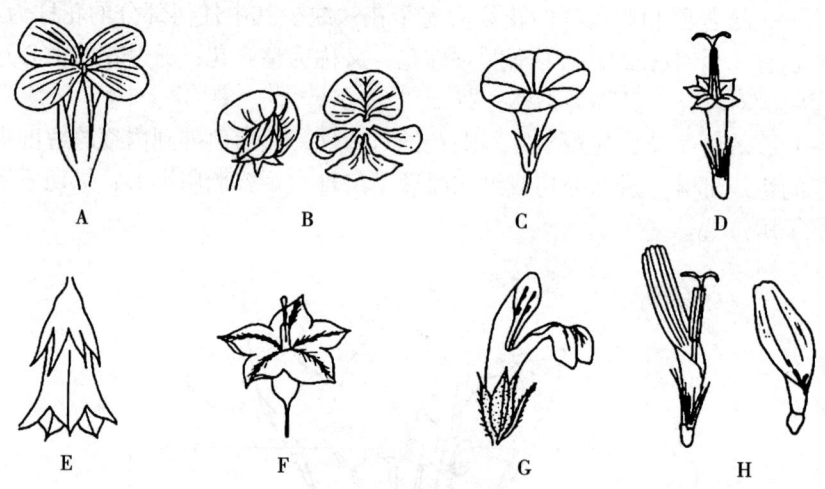

图7-2　花冠的类型

A. 十字形花冠；B. 蝶形花冠；C. 漏斗状花冠；D. 筒状花冠；E. 钟状花冠；F. 轮状花冠；

G. 唇形花冠；H. 舌状花冠（右图具3齿，如向日葵花序周缘的花；左图具5齿，如蒲公英）

2. 花瓣和花萼在花芽中的排列方式

花瓣和花萼在花芽中的排列，因植物的种类不同，其花被片的排列方式也不同，具体类型见图7-3。

3. 雄蕊类型

不同种类植物，一朵花中的雄蕊数目和着生方式也不相同，形成了不同的雄蕊类型（图7-4）。

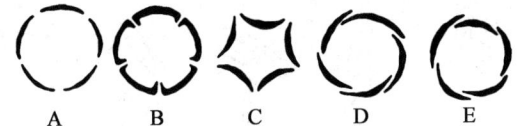

图 7-3 花被片的排列方式

A ~ C. 镊合状；D. 旋转状；E. 覆瓦状

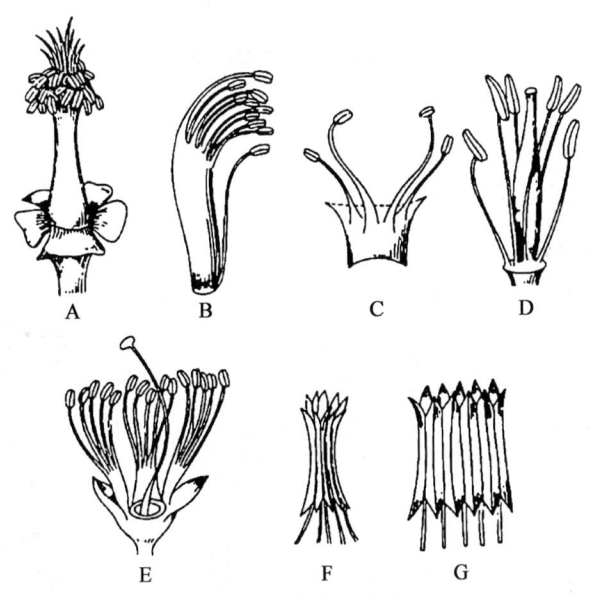

图 7-4 雄蕊的类型

A. 单体雄蕊；B. 二体雄蕊；C. 二强雄蕊；D. 四强雄蕊；E. 多体雄蕊；F~G. 聚药雄蕊

（1）离生雄蕊：泛指雄蕊彼此分离的着生方式。

（2）单体雄蕊：所有花丝连合成 1 束，花药分离。

（3）二体雄蕊：花中雄蕊的花丝连合成 2 束，花药分离。通常为 10 枚雄蕊，其中 9 条花丝连合成 1 束，1 条分离；也有 5 条花丝、5 条花丝各自连合成 1 束的。

（4）多体雄蕊：所有花丝连合成 3 束以上（含 3 束），花药分离。

（5）聚药雄蕊：花丝分离，花药合生。

（6）二强雄蕊：花中有 4 枚雄蕊，花丝 2 长、2 短。

（7）四强雄蕊：花中有 6 枚雄蕊，花丝 4 长、2 短。

4. 花药的着生方式

花药在花丝上的着生方式有基着药、背着药、丁字着药、个字药、广歧药和全着药等类型（图 7-5）。

5. 雌蕊类型

不同植物的花，因其心皮数目及连合的情况不同，形成了不同类型的雌蕊（图 7-6）。

（1）单雌蕊：花中只有 1 枚由一个心皮形成的雌蕊。

（2）离生雌蕊：花中有多数彼此分离的"单雌蕊"，即有多枚彼此分离的由一个心皮构成的雌蕊。

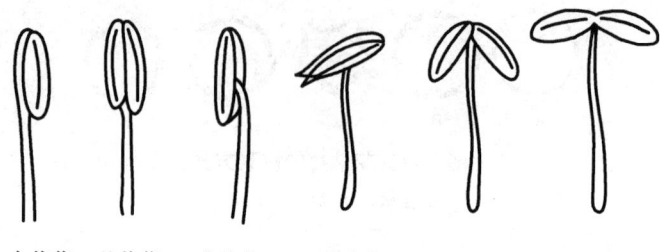

全着药　　基着药　　背着药　　丁字着药　　个字药　　广歧药

图 7-5　花药的着生方式

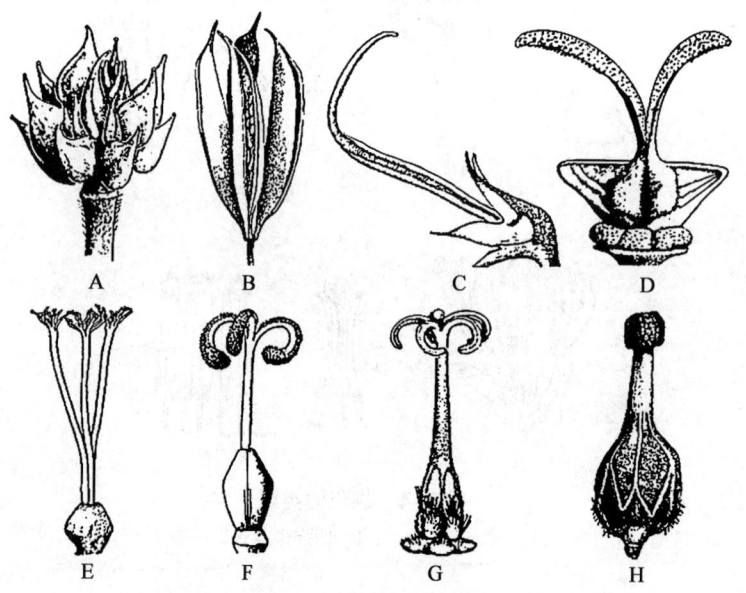

图 7-6　雌蕊的联合

A~B. 离生雌蕊；C. 单雌蕊；D~H. 合生雌蕊（D，E. 子房结合，柱头、花柱分离；

F，G. 子房、花柱结合，柱头仍然分离；H. 子房、花柱和柱头全部连合）

（3）复雌蕊：一朵花中有 1 枚由两个或两个以上的心皮合生形成的雌蕊。

6. 子房位置类型

根据子房与花托的相连情况不同，子房位置有不同的类型（图 7-7）。

（1）上位子房：仅子房基部与花托相连。

（2）中位（半下位）子房：子房下半部着生于凹陷的花托中，并与花托愈合不分离。

（3）下位子房：整个子房着生于凹陷的花托中并与花托愈合，故只有花柱和柱头露出在外。

7. 胎座类型

胎座指胚珠在子房壁上着生之处，常有以下几种类型（图 7-8）。

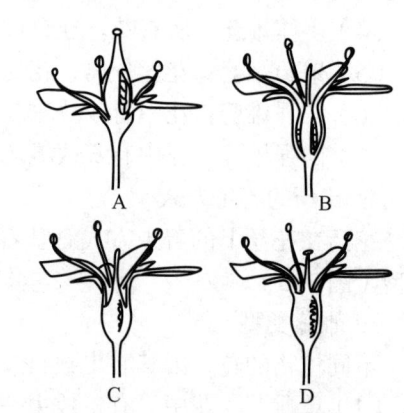

图 7-7　子房位置的类型

A. 上位子房（下位花）；B. 上位子房（周位花）；

C. 半下位子房（周位花）；D. 下位子房（上位花）

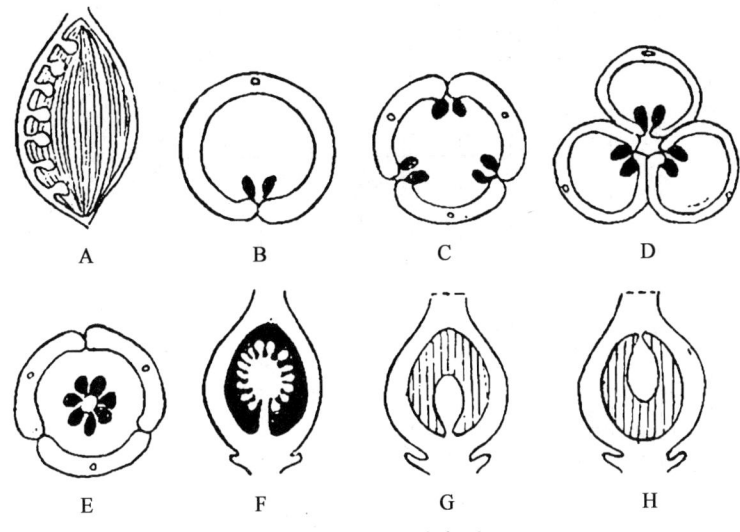

图 7-8 胎座的类型

A，B. 边缘胎座；C. 侧膜胎座；D. 中轴胎座；E，F. 特立中央胎座；G. 基生胎座；H. 顶生胎座

（1）边缘胎座：单雌蕊或离生雌蕊 1 室子房，胚珠沿腹缝线排列。

（2）侧膜胎座：复雌蕊 1 室或假数室子房，胚珠沿 2 条或 2 条以上腹缝线排列。

（3）中轴胎座：复雌蕊多室子房，心皮边缘内弯在子房中央愈合形成中轴，胚珠排列于中轴周围。

（4）特立中央胎座：由于复雌蕊多室子房的隔膜消失而成为 1 室或不完全数室子房，中轴上部消失仅留短柱，胚珠生于短柱上。

（5）基生胎座：子房 1 室，胚珠 1 个，生于子房室底部。

（6）顶生胎座：子房 1 室，胚珠 1 个，生于子房室顶部。

8. 花程式

用符号、字母和数字表示花的所有组成部分和有关性状，称为花程式。通常用 P 代表花被，K 代表花萼，C 代表花冠，A 代表雄蕊群，G 代表雌蕊群。花各部分的数目用数字表示，并写在各代表字母的右下角，如果某一部分缺少用 "0" 表示，数目很多时用 "∞" 表示。如果某一部分不只排成一轮时，各轮数字之间用 "+" 连接起来。如果某部分各个成员之间相互连合，则用 "( )" 将其数字包括。子房的位置在代表雌蕊的 G 字母上方或（和）下方加短横线表示：$\underline{G}$ 表示子房上位；$\overline{G}$ 表示子房下位；$\overline{\underline{G}}$ 则表示子房半下位（中位）。G 右下角的数字分别表示心皮数、子房室数和每室胚珠数，各数字之间用 ":" 隔开。在花程式的起首，用 "*" 代表辐射对称花，用 "↑" 代表两侧对称花；用 "♀" 代表雌花，用 "♂" 代表雄花，两性花符号一般可以省略不写；之后再由外至内写出花各轮的代表字母和数字。

🔍 观察与思考

仔细观察每个实验材料的花部特征，将结果填入下表。

植物名称	花萼 （离合情况 及数量）	花冠 （离合情况、 数量及类型）	单被花、 两被花或 同被花	单性花或 两性花	雄蕊类型	雌蕊					
						雌蕊类型	子房位置	心皮数	子房室数	胎座类型
青菜	离萼，4	离瓣，4， 十字花冠	两被花	两性花	四强雄蕊	复雌蕊	上位	2	假 2 室	侧膜胎座

（三）花序类型

花在植株上的分布情况依植物种类的不同而不同，单独一朵花着生于枝顶或叶腋上称为单生花；许多花按一定的方式排列在花枝上称为花序。花序按开花顺序可分为无限花序和有限花序两大类。根据花梗的有无、花序轴长短及分枝与否、花序轴形状等主要特征，每大类可再分成多种类型。

取各种供实验用植物的花序，对照下列图解观察和识别各种花序类型，了解各种花序的特征。

1. 无限花序

开花顺序自下而上，即由花序下部的花先开渐及上部；或由花序边缘的花先开渐及中央，这种类型的花序属于无限花序。无限花序又可以分为以下几种类型（图 7-9）。

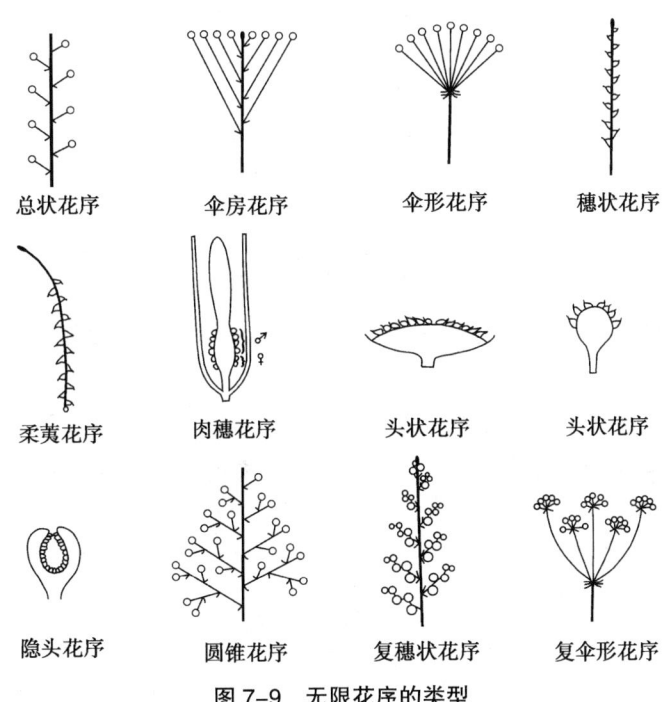

总状花序　　伞房花序　　伞形花序　　穗状花序

柔荑花序　　肉穗花序　　头状花序　　头状花序

隐头花序　　圆锥花序　　复穗状花序　　复伞形花序

图 7-9　无限花序的类型

（1）总状花序：花序轴单一且较长，有花梗，且花梗近等长，花自下而上开放。

（2）穗状花序：花序轴单一且较长，无花梗，花自下而上开放。

（3）柔荑花序：花序轴单一且柔弱下垂，无花梗、单性，花自基部向顶端开放。

（4）肉穗花序：花序轴粗短肥厚，基部常有总苞包围，无花梗，花自下而上开放。

（5）伞房花序：花序轴单一且较长，花梗不等长，最下部的花梗最长，向上渐变短，各花处于同一个球面或平面上，花自下而上开放。

（6）伞形花序：花序轴单一，花梗近等长或不等长，花全部着生于花序轴顶端，花序边缘的花先开放，渐及中央。

（7）头状花序：花序轴变得平坦或隆起，花无梗或近无梗，密集着生于花序轴上，花序边缘的花先开放，渐及中央。

（8）隐头花序：花序轴肥厚，中空呈口小腹大的壶状，花聚生于花序轴内壁而隐藏于花序轴内，花自底部向壶壁边缘开放。

（9）圆锥花序：花序轴分枝，小枝为一小型总状花序或穗状花序，整个花序外形呈圆锥状。

2. 有限花序（聚伞花序）

花序轴顶端的花先开，渐及下部；或中央的花先开，渐及周围，花序轴顶端不能继续分化生长，所以称为有限花序。聚伞花序由各级分枝组成，每个分枝均为顶端的花先开。由于每次分枝的数目及排列方式不同，聚伞花序又可分为单歧聚伞花序、二歧聚伞花序、多歧聚伞花序和轮伞花序（图7-10）。

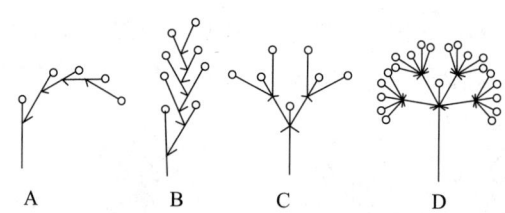

图7-10　有限花序的类型

A，B. 单歧聚伞花序（A. 螺状聚伞花序；B. 蝎尾状聚伞花序）；C. 二歧聚伞花序；D. 多歧聚伞花序

🔍 观察与思考

① 哪些类型的花序属于无限花序？哪些类型的花序属于有限花序？各举出至少一个实例。

② 总状花序和穗状花序各有哪些主要特征？

③ 哪些花序是由具花梗的花组成的？哪些花序是由无梗或几乎无梗的花组成的？

④ 请根据花序类型的观察结果填写下表。

植物名称	花序类型	主要特征	属于有限花序或无限花序
猪屎豆	总状花序	花序轴单一且较长，有花梗，且花梗近等长，花自下而上开放	无限花序

被子植物雄蕊、雌蕊的结构

雌、雄蕊是被子植物特有的繁殖器官。雄蕊通常由花丝和花药两部分组成，承担孕育花粉的功能。雌蕊由心皮发育而成，通常包括子房、花柱和柱头三部分，承担孕育胚珠的功能。雌、雄蕊发育状况直接关系被子植物的有性生殖过程。

一、实验目的

1. 掌握被子植物的雄蕊、雌蕊的形态和基本结构。
2. 了解被子植物的雄蕊、雌蕊对有性生殖的意义。

二、实验内容

1. 观察幼期和成熟期两个阶段的百合花药横切片，识别药隔、花粉囊的组织结构，比较不同发育状态花粉囊壁结构差异，辨别单核花粉粒和二核花粉粒的形态及构造。
2. 取实验用花粉材料，在蔗糖－硼酸溶液中培养，观察花粉的萌发进程。
3. 观察百合子房横切片，识别子房壁、子房室和胚珠，重点观察胚珠的组织结构以及成熟胚囊的结构。

三、实验仪器及用具

显微镜、解剖镜或手持放大镜、镊子、解剖针、解剖刀、单凹载玻片、盖玻片、100 g/L 蔗糖溶液、0.1 g/L 硼酸溶液。

四、实验材料

（一）鲜花类
1. 百合科百合属（*Lilium*）植物的花
2. 猪屎豆（*Crotalaria pallida*）或朱槿（*Hibiscus rosa-sinensis*）的花

（二）切片类
1. 百合幼期花药横切片
2. 百合成熟期花药横切片
3. 百合子房横切片

五、实验步骤

（一）被子植物雄蕊的结构

1. 百合雄蕊的结构

分别取幼期和成熟期的百合花药横切片置于显微镜下观察，按从低倍镜到高倍镜的顺序，认真识别花药结构、花粉囊结构和花粉粒结构，然后比较不同时期百合花药各部结构的异同。

在幼期百合花药横切片上（图8-1），可见药隔由_____和_____构成。药隔两侧的4个囊状结构称为花粉囊，此时它们彼此封闭；花粉囊壁由_____、_____、_____和_____四部分组成，最外层的_____由1层小型薄壁细胞紧密排列而成；紧连表皮内侧的1层细胞称为_____，该层细胞切面观近四边形且较大，细胞核大，液泡明显，细胞腔内含有丰富的淀粉粒。在药室内壁内侧，由1~3层形体较小且近似于椭圆形的细胞组成的结构即为_____，其细胞腔内也含有淀粉粒。最内方的是_____，其细胞较大，切面观多呈长条形，常见有2至多个细胞核。根据所给切片标本之不同，花粉囊腔内可能会观察到尚处在减数分裂过程的花粉母细胞；或者会观察到尚未发育成熟的花粉粒，此时它们内含_____个细胞核，称为_____，其细胞质浓厚，细胞核位于中央位置。

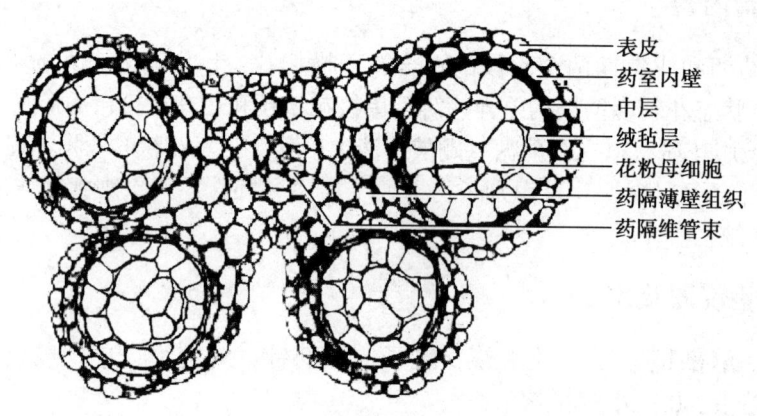

图8-1　幼期百合花药结构

在成熟期百合花药横切片上（图8-2），可见2个花粉囊相连处出现_____，在10倍物镜下，比较裂口和花粉囊壁上的细胞形态，可以发现彼此的形状及排列存在显著差异。对比幼期结构，成熟期百合花粉囊壁主要表现出如下不同：① 除外切向壁外，药室内壁的其余5面细胞壁均发生了斜纵向的条纹状或螺旋状的纤维化增厚，因此，药室内壁也称为_____，但在光镜下不易察觉，需仔细分辨。此外，其中的淀粉粒数量较之前期也减少了许多。②中层依然存在，但受到进一步挤压而体积变得更小。③绒毡层基本消失，在局部区域可见到或多或少的残体。另外，在花粉囊内可见多数已发育成熟的花粉粒，内含2个细胞，即_____和_____。特别需要注意的是，由于切片缘故，每个花粉粒切面观上可见细胞核数目为0~2个，因此显微观察时通常只在部分花粉粒中可分辨这两种细胞。

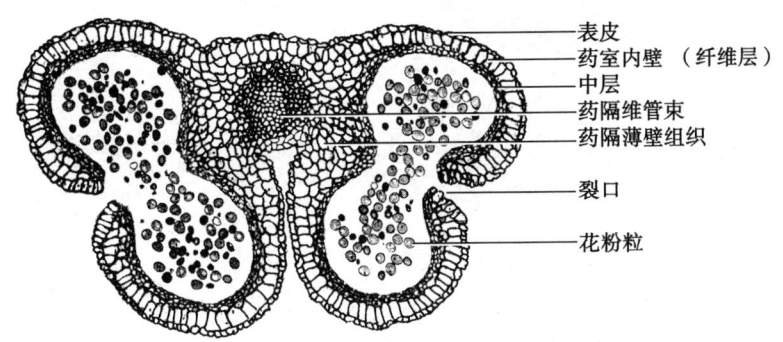

图 8-2　成熟期百合花药结构

2. 被子植物花粉粒萌发

取一片已清洗干净的单凹载玻片水平放置在实验台上，向凹穴内滴加蔗糖–硼酸混合培养液 1～2 滴，将植物花粉移入培养液中，盖上盖玻片静置培养，每隔数分钟镜检观察一次，记录花粉粒形态变化及萌发情况，完成表 8-1。

表 8-1　被子植物花粉粒萌发实验观察记录表

花粉种类	观察时间	观察结果

（二）被子植物雌蕊的结构

1. 百合雌蕊的结构

取百合子房横切片（图 8-3）置于显微镜下观察，在 4 倍物镜下可见它是由＿＿＿＿个心皮发育而来，心皮边缘内弯并在子房中央愈合形成中轴，属＿＿＿＿胎座。子房壁较厚，具有内、外 2 层表皮、发达的薄壁组织和 6 个维管束。子房＿＿＿＿室，每室胚珠多数，2 列排列。

选择 1 个结构完整的胚珠，在 10 倍物镜下观察，可见百合的胚珠（图 8-4）属于＿＿＿＿，珠柄较粗壮，具有内、外 2 层珠被，珠孔狭小，珠心为珠被所包。珠柄、珠心、珠被三者交汇处称为＿＿＿＿。

再找一个发育完全、结构完整的胚囊进行显微观察。百合成熟胚囊具有＿＿＿＿个细胞，共有＿＿＿＿细胞核。在胚囊的珠孔端可见 3 个细胞，它们是 2 个＿＿＿＿和 1 个＿＿＿＿；在合点端也可见 3 个细胞，它们均为＿＿＿＿。胚囊中央是具有大液泡的大型细胞称为＿＿＿＿，其内含 2 个细胞核即为＿＿＿＿。

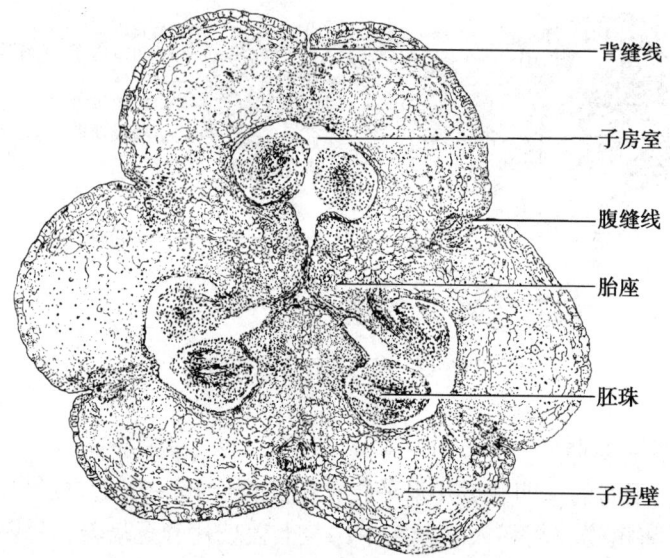

图 8-3 百合子房的结构

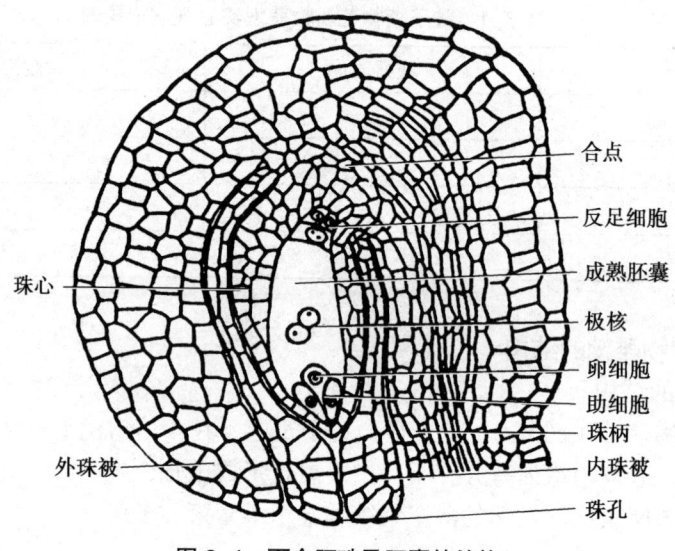

图 8-4 百合胚珠及胚囊的结构

观察与思考

① 花粉囊壁具有什么生物学功能？在花粉母细胞发育成花粉粒的过程中，花粉囊壁发生了哪些显著变化？

② 胚珠和胚囊有何关系？蓼型胚囊有何特点，其发育过程如何？

六、实验报告

1. 绘百合成熟花药的轮廓图，其中 1/4 绘成细胞结构图，并标注各个部分名称。

2. 绘百合胚珠简图，并标注各个部分名称。

果实的主要类型

果实是被子植物特有的生殖器官之一。单纯由子房发育而成的果实称为真果，由子房和花的其他部分共同发育而成的果实称为假果。根据来源不同，果实又分为单果、聚合果和聚花果。

一、实验目的

了解果实的结构，识别果实的主要类型。

二、实验内容

观察不同植物的成熟果实，了解果实的结构特点，识别果实的主要类型。

三、实验仪器、用具

实验工具盒。

四、实验材料

下列植物的成熟果实：

1. 番茄（*Solanum lycopersicum*）
2. 柑橘（*Citrus reticulata*）或甜橙（*C. sinensis*）
3. 黄瓜（*Cucumis sativus*）
4. 苹果（*Malus pumila*）
5. 沙梨（*Pyrus pyrifolia*）
6. 桃（*Prunus persica*）或李（*Prunus salicina*）
7. 银合欢（*Leucaena leucocephala*）
8. 八角（*Illicium verum*）
9. 大花紫薇（*Lagerstroemia speciosa*）
10. 向日葵（*Helianthus annuus*）
11. 栗（*Castanea mollissima*）
12. 小麦（*Triticum aestivum*）
13. 水稻（*Oryza sativa*）
14. 槭树（*Acer* spp.）
15. 青菜（*Brassica rapa* var. *chinensis*）

16. 荠（*Capsella bursa-pastoris*）

17. 草莓（*Fragaria × ananassa*）

18. 番荔枝（*Annona squamosa*）

19. 桑（*Morus alba*）

20. 凤梨（*Ananas comosus*）

五、实验步骤

取各种果实进行横切、纵切或用其他方法解剖观察，对照下列图解，识别果实各部分的来源和结构特点，识别主要果实类型的特征。

（一）单果

单果是由一朵花的单雌蕊或复雌蕊的子房发育形成的果实。根据果皮及其附属物的质地不同，单果可分为肉质果和干果两类，每类再分为若干类型。

1. 肉质果

果皮或果实的其他部分肉质多汁（图 9-1）。

（1）浆果：由单雌蕊或复雌蕊发育而成，外果皮多为膜质，中、内果皮均肉质多汁。取番茄一个，用刀片横切，可见膜质状外果皮，皮薄，中、内果皮肉质多汁，紧密结合不易区分，里面有多粒种子。番茄和猕猴桃等的可食部分为中果皮和内果皮。

（2）核果：由单雌蕊或复雌蕊发育而成，外果皮薄，中果皮肉质肥厚，内果皮坚硬形成"核壳"，包围在 1 粒种子外面，形成果核。取桃或李果实一个，用刀将其纵切。三层果皮界限明显，外果皮薄，柔软多汁的中果皮厚并肉质化，内果皮木质化，形成一硬核，其中包含有种子。可食部分为中果皮。

（3）柑果：由复雌蕊具中轴胎座的多室子房发育而成，外果皮革质、有油囊，中果皮疏松、有维管束，内果皮膜质、分隔成瓣，在内果皮内表面生有许多肉质多汁的毛囊。取

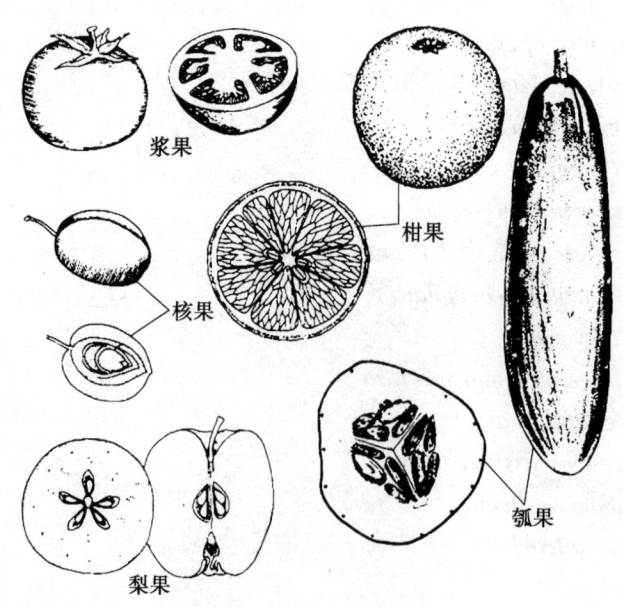

图 9-1　肉质果的主要类型

柑橘或甜橙一个。徒手剥开果皮，外果皮有透明腺点（油囊），中果皮与外果皮结合，界限不明显，中果皮疏松，白色海绵状，内有多分枝的维管束；内果皮膜质，分隔成若干室，即为橘瓣。内果皮内壁上有许多肉质多汁的囊状毛，即为可食部分。

（4）瓠果：由3心皮1室的下位子房发育而成的假果，花托和外果皮组成坚硬的果壁，中、内果皮及胎座均肉质化。取黄瓜果实一个，用刀将其横切。可见外果皮坚韧，中果皮和内果皮及胎座肉质，种子多粒。黄瓜的食用部分包括了花托，外、中、内果皮和胎座等，其幼嫩种子也可食用。西瓜的食用部分则是由胎座膨大肉质化发育而成的。

（5）梨果：由花筒和具中轴胎座的子房共同参与发育而成的假果，花筒形成的果壁肉质发达，占大部分，外、中果皮肉质化，不甚发达，内果皮纸质或革质。取苹果一个，用刀将苹果横切。可食用的肉质部分包括花托、外果皮和中果皮，界线不清，而内果皮革质，分隔成5室，每室种子2粒。

2. 干果

成熟时果皮干燥，又分为果皮开裂的裂果和果皮不开裂的闭果两类（图9-2）。

（1）裂果

① 荚果：由单雌蕊的子房发育而成，成熟后果皮沿背缝线和腹缝线两边开裂，少数不开裂而成节荚。取银合欢果实一个，徒手剥开并进行观察。果实由单雌蕊发育而成。成熟时，果皮沿背缝线和腹缝线开裂，果皮裂为2瓣。

② 蓇葖果：由离心皮雌蕊发育而成，成熟时沿背缝线或腹缝线一边开裂。取八角并观察。果实由多个离生的单雌蕊发育而成，成熟时，每一个果可沿背缝线或腹缝线开裂，剥开果皮内见种子一粒。

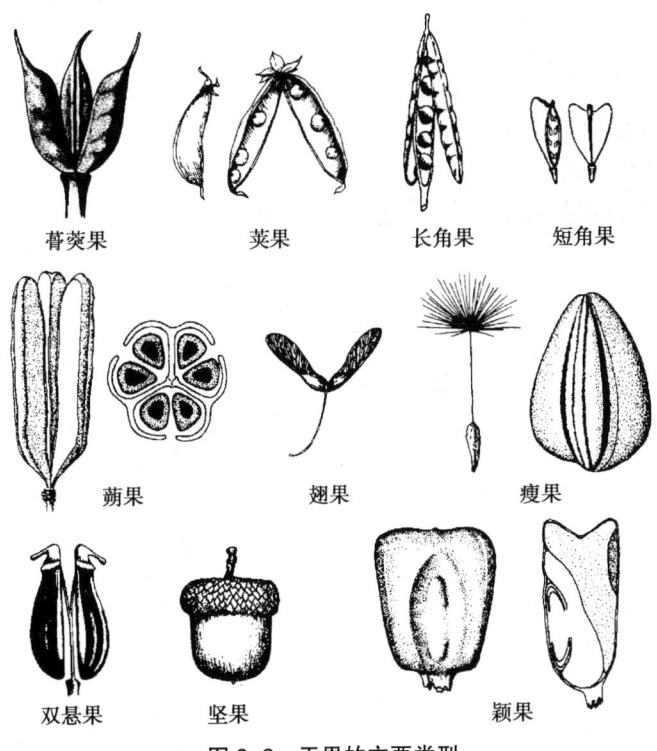

图9-2 干果的主要类型

③ 角果：由2心皮的复雌蕊子房发育而成，成熟时沿两条腹缝线开裂成两瓣，两瓣之间有假隔膜。有长角果和短角果两种。取青菜果实一个，徒手剥开果皮，可见两瓣果皮中间有白色的假隔膜，两侧各有多枚种子，角果成熟时，果实沿腹缝线自下而上开裂。根据果实长宽比的不同，有长角果（如油菜、萝卜）和短角果（如荠）之分。

④ 蒴果：由复雌蕊子房发育而成，成熟时以各种方式开裂。取大花紫薇果实一个观察，果实成熟后沿腹缝线6瓣裂，剥开果皮可见种子多数，成熟时，蒴果果实以多种方式开裂，常见的是瓣裂，另有盖裂、孔裂和齿裂等不同方式。如棉花为背裂，车前草为盖裂，罂粟为孔裂。

（2）闭果

① 瘦果：果实细小，内含1粒种子，果皮与种皮易分离。取向日葵果实一颗，徒手剥开果皮，可见子房一室，其中仅着生一粒种子。成熟时果实不开裂，但果皮和种皮易分离。

② 颖果：果实细小，内含1粒种子，果皮与种皮愈合、不易分离。取玉米或小麦种子一粒，用刀片切成纵剖面。可见果皮和种皮愈合在一起，不易区分和剥离。内含1粒种子。

③ 坚果：果皮坚硬，内含1粒种子。取栗果实一个，用刀片剖开密生尖刺的总苞，可见坚果包藏在总苞内，果皮坚硬，可食部分为种子。

④ 翅果：果皮延伸成翅状。取槭树果实观察，可见果皮向外延伸成翅状，每片翅状果皮内含一枚种子。

⑤ 分果：由复雌蕊具中轴胎座的子房发育而成，成熟后各心皮沿中轴分离，但各心皮不开裂，各含1粒种子。

（二）聚合果

由1朵花的离心皮雌蕊群发育而成，许多小果集生在膨大的花托上。根据小果的果皮质地不同而有不同类型（图9-3）。

观察草莓和八角的果实。草莓的食用肉质部分为花托的变态，其上长有多数小瘦果，是由多个离生的雌蕊发育而成的。八角的小果由单雌蕊子房发育而成，成熟后果皮干燥，仅沿背缝线或腹缝线一侧开裂。

其中草莓为聚合瘦果，八角为聚合蓇葖果，悬钩子为聚合核果，莲为聚合坚果。

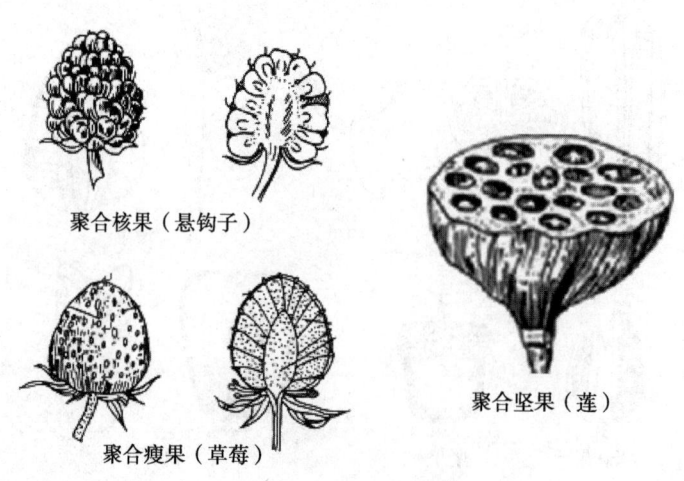

聚合核果（悬钩子）

聚合坚果（莲）

聚合瘦果（草莓）

图9-3　聚合果（引自陆时万等，1991）

（三）聚花果（复果）

聚花果是由整个花序发育而成的果实（图9-4）。观察凤梨、桑的果实。凤梨是由多数不孕的花着生在肥大肉质的花序轴上所形成的果实，可食部分为多汁的花序轴。桑果实食用的多汁部分为花萼和花柄的变态。无花果可食部分主要是膨大的隐头花序轴。

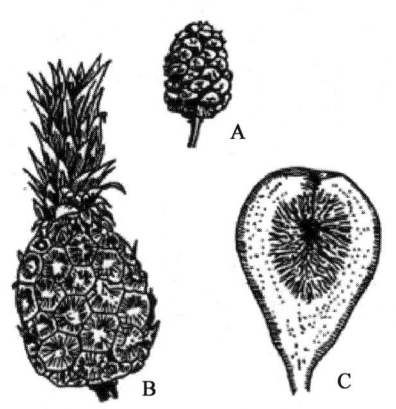

图9-4　聚花果（复果）

A. 桑葚，为多数单花集于花序轴上形成的果实；B. 凤梨的果实，多汁的花序轴成为果实的食用部分；

C. 无花果果实的剖面，隐头花序膨大的花序轴成为果实的可食部分

六、实验报告

根据实验材料，填写表9-1。

表9-1　果实的主要类型

植物种类	果实类型		主要特征	真果或假果
	肉质果	干果		
银合欢		荚果	由单雌蕊的子房发育而成，成熟后果皮沿背缝线和腹缝线两边开裂	真果

实验十

裸子植物的营养器官和生殖器官

裸子植物的营养器官和生殖器官与被子植物有一定的区别。在裸子植物大多数种类中，木质部内只有管胞而无导管和纤维，韧皮部有筛胞而无筛管和伴胞；生殖器官为大、小孢子叶球，没有形成真正的花。小孢子叶球能产生带气囊的小孢子，大孢子叶球具胚珠，在其中发育大孢子及雌配子体。

一、实验目的

1. 了解裸子植物根的初生结构和次生结构。
2. 了解裸子植物茎的初生结构和次生结构。
3. 了解裸子植物生殖器官的形态和结构。

二、实验内容

1. 观察松属植物幼根横切面，了解根的初生结构。
2. 观察松属植物老根横切面，了解根的次生结构。
3. 观察马尾松幼茎横切面，了解茎的初生结构。
4. 观察松属植物老茎横切面，了解茎的次生结构。
5. 观察松针叶横切面，了解针状叶结构。
6. 观察松属植物大、小孢子叶球，了解松属植物生殖器官的形态和结构。

三、实验仪器、用具和试剂

显微镜、擦镜纸、吸水纸、蒸馏水及实验工具盒。

四、实验材料

1. 松属（*Pinus*）植物幼根横切片
2. 松属植物老根横切片
3. 马尾松（*P. massoniana*）幼茎横切片
4. 马尾松老茎横切片
5. 马尾松针叶横切片
6. 杉木属（*Cunninghamia*）植物木材三切面的切片
7. 松属植物小孢子叶球（含小孢子囊）纵切片
8. 松属植物大孢子叶球纵切片

五、实验步骤

（一）裸子植物根的初生结构

取松属植物根横切片，先在低倍镜下观察，从外至内区分为表皮、皮层、维管柱三部分（图10-1）。然后转至高倍镜详细观察各部分。注意各部分的位置、细胞层数、细胞排列方式及其形态结构特点。

1. 表皮

表皮由一层等径的、排列较紧密的薄壁细胞所组成，多数表皮细胞向外伸长形成根毛，有时仅见其残余，因切片取材位置而异。如在根毛区以上稍老部位的切片，其表皮脱落而不见根毛。或因切片技术上的原因，根毛未能保存下来。

2. 皮层

皮层由多层薄壁细胞组成，细胞排列较疏松，具胞间隙，细胞中常含有淀粉粒及染色较深的单宁类物质。皮层的最内层为内皮层，这层细胞排列紧密，多数细胞的径向及横向壁上具栓质化增厚的凯氏带，可与其他部分区别开来。

3. 维管柱

维管柱在根的中央部分，由初生木质部、初生韧皮部以及一些薄壁细胞构成。在维管柱的外圈，由数层薄壁细胞组成维管柱鞘，侧根就是从正对木质部束两侧的维管柱鞘细胞发生的。初生木质部有2～5束（油松，*Pinus tabuliformis*），呈辐射状排列。松属中有的种，初生木质部束可多达7个。初生韧皮部分别间隔在初生木质部束之间。在初生木质部束的外缘，常有小的轴向树脂道分布。在维管柱的中央，有许多大的薄壁细胞构成的髓部，其细胞中含有大量的淀粉粒，有的还含有单宁类物质。

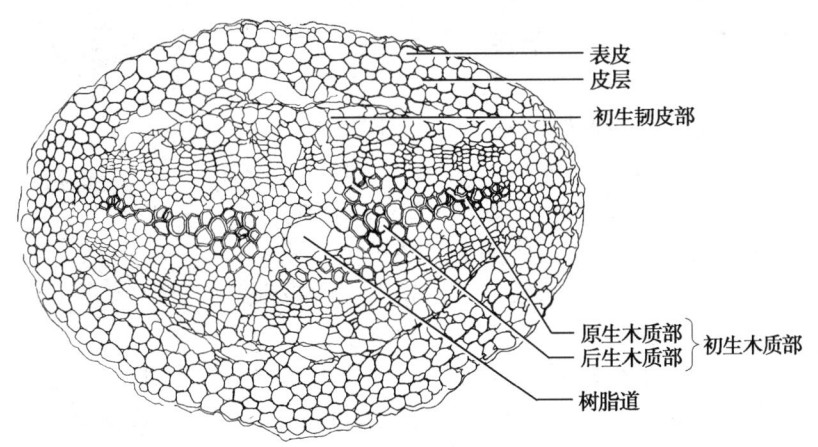

图10-1　松属植物根的初生结构

（二）裸子植物根的次生结构

取松属植物根横切片，首先低倍镜下观察，从外至内区分周皮、次生韧皮部、维管形成层、次生木质部等几大部分。然后转至高倍镜下详细观察。

1. 周皮

周皮是老根最外的几层扁平、径向排列整齐而紧密的长方形细胞，在切片中它们着色较浅，常呈淡黄色甚至无色。由木栓层、木栓形成层、栓内层三部分组成。

2. 次生韧皮部

次生韧皮部是周皮以内、维管形成层以外的部分，由筛胞、韧皮薄壁细胞、韧皮射线等组成。韧皮射线常由单列或双列薄壁细胞组成，在部分裸子植物中韧皮射线呈纺锤状。在次生韧皮部常可见树脂道分布。

3. 维管形成层

在次生韧皮部和次生木质部之间有几层薄壁细胞，其长轴沿圆周方向排列，其中的1～2层为维管形成层细胞。

4. 次生木质部

在维管形成层以内，占大部分的为次生木质部，常由管胞、木薄壁细胞、木射线、树脂道等组成。木射线常为单列薄壁细胞，偶见双列细胞，始于次生木质部的一定部位，与次生韧皮部的韧皮射线隔着维管形成层而相对应。其细胞的形状、排列和韧皮射线接近；木射线与韧皮射线合称为_____。管胞分散在次生木质部中，在横切面上常为四边形。木薄壁细胞壁较薄，微木化。

5. 初生木质部

在根的最中心，不属于次生结构部分，属于保存下来的初生结构。初生木质部的细胞比外围的次生木质部细胞小，细胞壁也比外围次生木质部的细胞壁厚。其成熟方式为_____。

有些裸子植物根的中央有髓部，有些则无。

（三）裸子植物茎的初生结构

取马尾松幼茎横切片观察，茎的初生结构由表皮、皮层、维管柱、髓部组成（图10-2）。表皮由初生分生组织的原表皮发育而来，是一层排列紧密的等径细胞。皮层大多为薄壁细胞组成，具胞间隙，细胞高度液泡化，部分细胞含叶绿体或单宁及树脂类物质。在皮层组织中常具树脂道，呈分散或环状分布。维管柱由维管束和髓射线组成，每一维管束由初生韧皮部、束中形成层和初生木质部组成，髓射线由分布在维管束之间的薄壁细胞组成，呈辐射状排列。髓部位于茎的中央部分，其薄壁细胞的胞间隙较大。在髓部的最外层，常有一层环髓带。

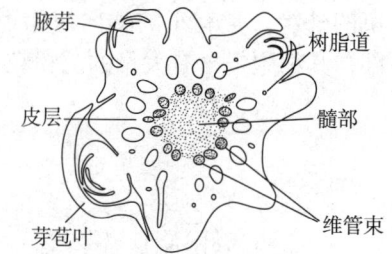

图10-2　马尾松幼茎的初生结构

（四）裸子植物茎的次生结构

取松属植物茎横切片在显微镜下观察，从外至内的各部分与椴树茎的次生结构相似，也是由周皮、次生韧皮部、维管形成层、次生木质部、初生木质部和髓部等所组成（图10-3）。

1. 周皮

周皮由数层扁平细胞组成，排列紧密。被染成褐色的多层栓化厚壁细胞为木栓层，紧接其内的1～2层被染成紫色的小型薄壁细胞为木栓形成层，木栓形成层内方1～2层薄壁细胞为栓内层。木栓层、木栓形成层和栓内层共同构成茎的次生保护结构——周皮。在周皮上有时可看到皮孔。

2. 次生韧皮部

马尾松的韧皮部主要由筛胞组成，无筛管和伴胞，基本上无韧皮纤维，韧皮薄壁细

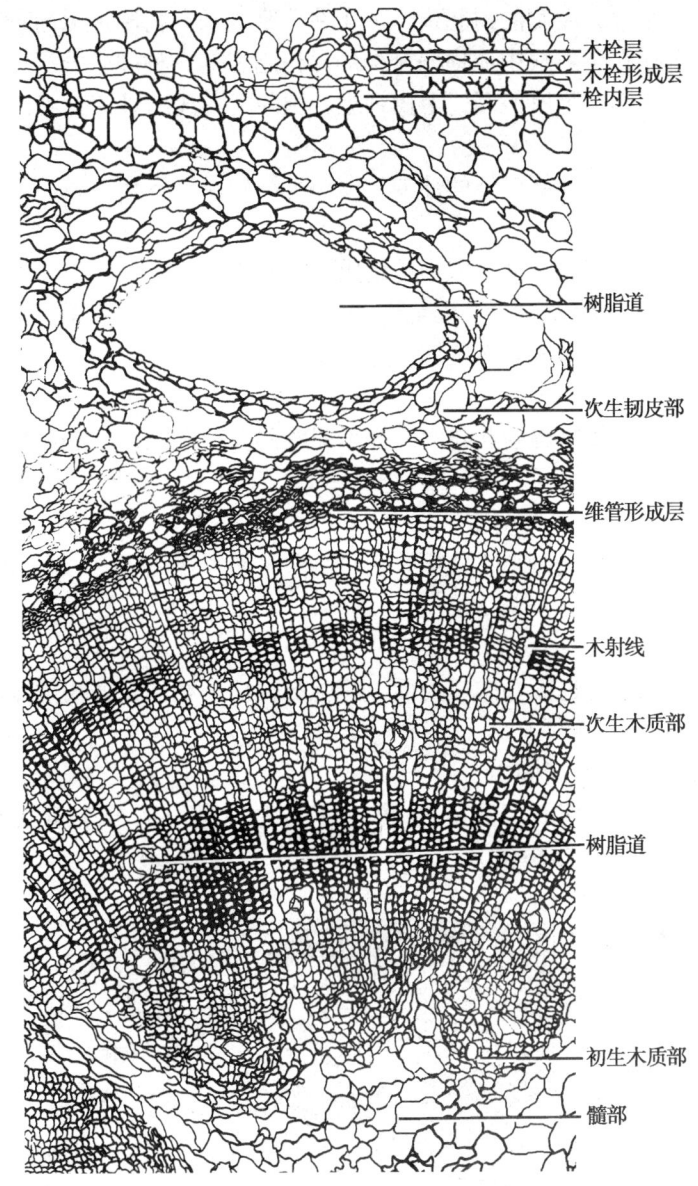

木栓层
木栓形成层
栓内层

树脂道

次生韧皮部

维管形成层

木射线

次生木质部

树脂道

初生木质部

髓部

图 10-3 松属植物茎的次生结构

胞较少。

3. 维管形成层

裸子植物的形成层为韧皮部内侧呈圆环形的 1 层切向扁平薄壁细胞。由纺锤状原始细胞与射线原始细胞两类细胞组成，以纺锤状原始细胞为多。

4. 次生木质部

次生木质部主要由管胞组成，无导管和纤维。在茎的横切面上，次生木质部的管胞为四边形或多边形，排列整齐。木射线通常是单列的（很少有两列，如落羽松属），因此在茎横切面上射线很窄。射线除具薄壁细胞外，还常有射线管胞存在。射线管胞是厚壁长形的死细胞，壁上有具缘纹孔，在射线中成横卧排列。

在木质部中分布有大而圆的树脂道,散布在管胞之间。树脂道纵向排列,与茎轴平行成纵行管道,也有存在于射线中成横向排列的。树脂道是一种裂生分泌道,它的周围由一圈称为上皮细胞的分泌细胞所包围,上皮细胞向胞间隙形成的管道分泌树脂。

5. 初生木质部

在次生木质部以内、髓部以外的部分,由初生结构保留下来。

6. 髓部

位于茎的中央,由多数大型薄壁细胞组成。

(五)柏(松)科植物木材三切面结构

取柏(松)科植物木材三切面的切片进行观察。

1. 横切面

管胞成多角形,射线呈辐射状排列,显示射线的长度和宽度。还可见木材的年轮、早材与晚材、心材与边材的特征。

2. 径向切面

通过圆心的纵切面,管胞成长条形,两端尖,彼此穿插在一起,射线细胞为横向排列。

3. 切向切面

与径切面平行但不通过圆心的纵切面,管胞与径切面相同,射线呈梭形,显示射线的宽度和高度。

(六)裸子植物针叶的结构

取松属植物针叶横切片,用显微镜从外至内观察,区分表皮系统、叶肉细胞、内皮层、维管束等结构(图10-4)。

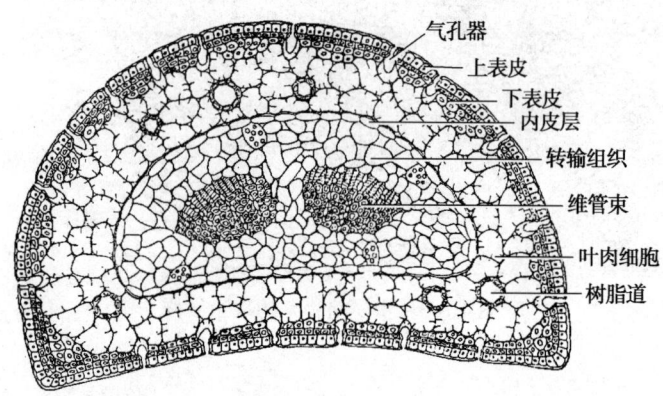

图10-4 松属植物海岸松(*Pinus pinaster*)针叶横切面

1. 表皮系统

由表皮、下皮层和气孔器组成。

(1)表皮:无上、下表皮之分,由一层砖形的细胞组成,细胞排列整齐,细胞壁加厚,细胞的外壁也具有角质层。

(2)下皮层:在表皮内,由一至数层厚壁细胞组成。

(3)气孔器(内陷气孔):从表皮层下陷到下皮层,由一对保卫细胞和一对副卫细胞组成。保卫细胞呈椭圆形,侧壁与下皮层相连,在保卫细胞外面有一个副卫细胞,其侧壁与表皮细胞相连。

2. 叶肉细胞

在下皮层以内细胞形状不规则，其细胞壁向内褶，叶绿体沿皱壁分布，称为皱褶细胞。在叶肉细胞之间分布有树脂道，树脂道与下皮层相接，称为外生树脂道。

3. 内皮层

在叶片的中央，有一圈厚壁细胞排列成整齐的圆形或椭圆形，即为内皮层，在横切面上可见凯氏点加厚。

4. 维管束

在内皮层以内有两个维管束，其韧皮部和木质部的结构与马尾松茎的结构相同。

此外，在维管束与内皮层之间有转输薄壁细胞和转输管胞组成的转输组织。

（七）裸子植物小孢子叶球结构

取油松小孢子叶球纵切片，在显微镜下观察。小孢子叶球（图10-5）由多数膜质的小孢子叶组成。小孢子叶成螺旋状排列在一个长轴上。在小孢子叶的下面形成两个并列的长椭圆形的小孢子囊，小孢子囊又称为花粉囊。小孢子囊有由数层细胞构成的囊壁，囊中充满细胞质浓呈圆球形的小孢子母细胞（花粉母细胞）。小孢子母细胞经发育成小孢子（花粉粒）。

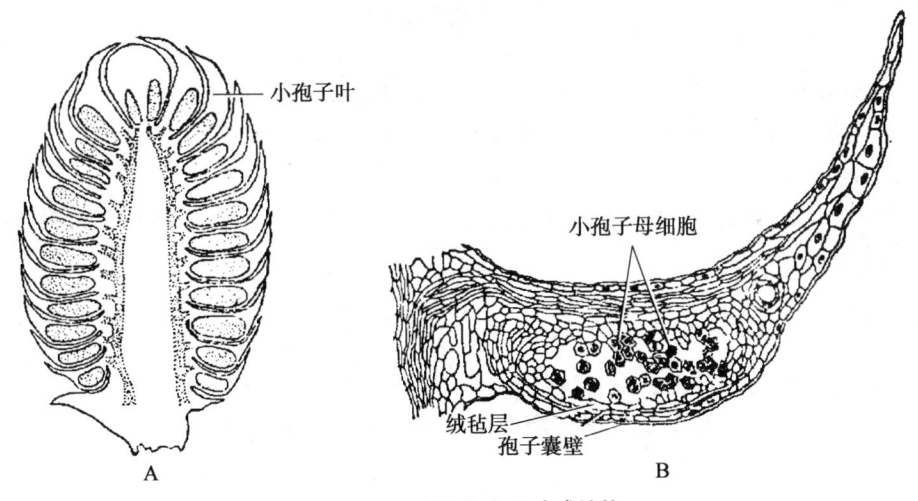

图10-5　油松小孢子叶球结构

A. 油松小孢子叶球纵剖面；B. 油松小孢子叶纵切面

（八）裸子植物大孢子叶球结构

取松属植物大孢子叶球纵切片，用显微镜观察。松属植物的大孢子叶球（图10-6）由木质鳞片状的大孢子叶（珠鳞）和不育的膜质苞片成对螺旋状排列在一长轴上而组成。每一大孢子叶的上表面靠近基部形成并列的两个大孢子囊，或称为胚珠。具有胚珠的鳞片称为珠鳞。胚珠由珠被和珠心两部分组成。珠被包在珠心组织的外面，在珠心顶端处的珠被留下一个小孔，称为珠孔。珠心由一团幼嫩的细胞组成。

取新鲜或干燥的马尾松雌球果，用放大镜观察，区分以下几个部分：球果轴、种鳞、带翅的种子。注意种鳞在球果轴上的排列方式、种鳞和苞鳞结合的情况（松科的种鳞是螺

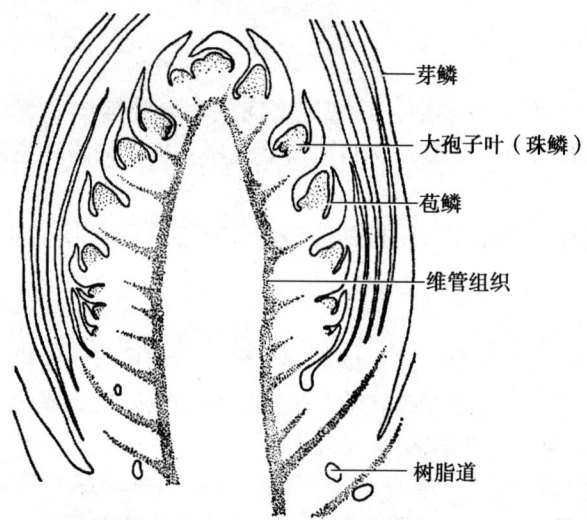

图 10-6　油松大孢子叶球纵切面

旋状互生，覆瓦状排列，松科苞鳞和种鳞多分离，但松属却例外，成熟时已经结合）。

🔍 观察与思考

① 观察马尾松茎的结构，说明裸子植物茎有哪些特殊结构。

② 以马尾松针叶横切面为例，说明裸子植物叶片的结构特点。

③ 马尾松大、小孢子叶球是否长在同一个植株上？

④ 松属植物小孢子囊是长在小孢子叶的近轴面还是远轴面？胚珠长在大孢子叶的近轴面还是远轴面？

六、实验报告

1. 绘松针叶横切面详图，示针叶结构。

2. 绘马尾松雌球果及果鳞（含带翅种子）的形态图，并注明各部分名称。

实验十一

植物的基本类群

本实验所认识的类群包括低等植物和高等植物中的苔藓植物、蕨类植物和裸子植物。

低等植物是地球上出现的一群最古老的植物，常生于水中或阴湿处；植物体无根、茎、叶的分化，称为原植体植物。低等植物的生殖器官多为单细胞的，合子不形成胚而直接发育成新的植物体，包括藻类、菌类和地衣。

高等植物多为陆生；植物体常有根、茎、叶的分化；具有明显的世代交替；生殖器官为多细胞；受精卵形成胚，由胚再发育成植物体，包括苔藓植物、蕨类植物、裸子植物和被子植物。

一、实验目的

1. 通过对代表植物的观察，了解藻类、菌类、地衣、苔藓、蕨类和裸子植物等不同类群的形态与结构特征，以及生活史特点，进而了解它们在植物界进化过程中所处的位置。

2. 了解和识别上述类群植物的常见种类，学习观察和鉴定这类植物的方法。

二、实验内容

1. 观察常见藻类植物的活体材料、标本与切片，了解藻类的形态特点和生活史特征。

2. 观察常见菌类植物的标本和切片，了解菌类的形态特点和生殖过程。

3. 观察地衣植物的标本和切片，了解地衣的形态和结构特点，进而了解共生现象的特征。

4. 观察苔藓植物的活体材料、标本和切片，了解苔藓植物的形态特征和生活史特点。

5. 观察常见蕨类植物的活体材料、标本和切片，了解蕨类植物的形态特征和生活史特点。

6. 观察裸子植物的活体材料、标本和切片，了解裸子植物的形态特征和生活史特点。

三、实验仪器、用具及试剂

显微镜、实验工具盒、蒸馏水、I_2-KI 溶液。

四、实验材料

（一）藻类

1. 颤藻属（*Oscillatoria*）活体材料

2. 鱼腥藻属（*Anabaena*）活体材料

3. 发菜（*Nostoc flagelliforme*）标本

4. 衣藻属（*Chlamydomonas*）装片

5. 水绵属（*Spirogyra*）活体材料及接合生殖装片

6. 紫菜属（*Porphyra*）标本和装片

7. 海带（*Laminaria japonica*）标本

（二）菌类

1. 细菌（Bacteriophyta）三型涂片标本

2. 黑根霉（*Rhizopus nigricans*）装片

3. 青霉属（*Penicillium*）装片

4. 香菇（*Lentinus edodes*）标本及菌褶纵切片

5. 蘑菇（*Agaricus campestris*）标本及菌褶纵切片

（三）地衣

地衣切片及各种不同类型的地衣标本

（四）苔藓植物

1. 地钱（*Marchantia polymorpha*）活体材料

2. 葫芦藓（*Funaria hygrometrica*）活体材料或标本

3. 地钱的精子器与颈卵器切片

4. 葫芦藓精子器与颈卵器切片

（五）蕨类植物

1. 垂穗石松（*Palhinhaea cernua*）活体材料

2. 芒萁（*Dicranopteris pedata*）活体材料

3. 半边旗（*Pteris semipinnata*）活体材料

4. 乌毛蕨（*Blechnopsis orientalis*）活体材料

5. 蜈蚣草（*Eremochloa ciliaris*）活体材料

6. 华南毛蕨（*Cyclosorus parasiticus*）活体材料

7. 星蕨（*Microsorum punctatum*）活体材料

8. 巢蕨（*Asplenium nidus*）活体材料

9. 肾蕨（*Nephrolepis cordifolia*）活体材料

10. 满江红（*Azolla pinnata* subsp. *asiatica*）活体材料

11. 真蕨原叶体装片

12. 蕨叶孢子囊群横切片

（六）裸子植物

1. 苏铁（*Cycas revoluta*）标本

2. 马尾松（*Pinus massoniana*）枝条、大孢子叶球、小孢子叶球、成熟雌球果及种子

3. 湿地松（*Pinus elliottii*）活体材料

4. 竹柏（*Nageia nagi*）带种子的活体材料

5. 南洋杉（*Araucaria cunninghamii*）活体材料

6. 马尾松雄球花（含小孢子囊）切片及幼嫩雌球果切片

五、实验步骤

（一）藻类的观察

藻类植物属于一类能进行光合作用的低等植物，没有根、茎、叶的分化，在个体发育过程中没有胚的形成。

藻类植物的形态结构差异大，根据藻体的形态、细胞结构、所含色素的种类、贮藏物质的类别及生殖方式等，可以把藻类植物分成许多不同的类群，其中较为常见的蓝藻、绿藻、红藻和褐藻等与人类的关系最为密切。

1. 颤藻

从培养皿中挑取少许附着在烂泥上的蓝绿色藻类，放在载玻片水滴上，盖上盖玻片制成临时装片。显微镜下观察可见许多呈单列不分枝的丝状体，其两端的细胞略成半圆形，其余细胞均为短圆筒形，有时可见中空的双凹形死细胞，其丝状体能前后左右摆动，故名颤藻（图 11-1）。

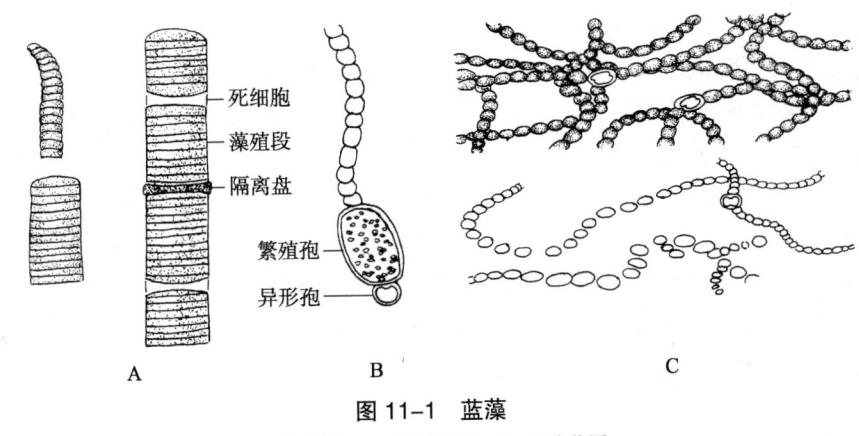

死细胞
藻殖段
隔离盘
繁殖孢
异形孢

A　　　　　　　　B　　　　　　　　C

图 11-1　蓝藻
A. 颤藻属；B. 筒孢藻属；C. 念珠藻属

🔍 **观察与思考**

颤藻颜色是什么？细胞中有无细胞核和载色体？

2. 鱼腥藻

取少许鱼腥藻叶片，用刀片连续做与叶表面垂直的横切面（或将鱼腥藻放在载玻片上，用另一载玻片压碎之）制成临时装片。显微镜下观察，可见在叶的同化腔内的（或压出来的）鱼腥藻（图 11-1），为单列不分枝丝状体，由许多圆球状细胞连接而成。丝状体中每隔一定距离就有一个形状差异较大的细胞，细胞壁较厚，称为异形胞。

用相同方法观察发菜。

🔍 **观察与思考**

从藻体颜色、细胞结构判断，发菜属于哪种藻类？

3. 衣藻

衣藻为单细胞绿藻。取衣藻装片标本，用显微镜观察其形态结构（图11-2）。先用低倍镜观察其形态装片，观察到卵圆形小体即为衣藻藻体，再换成高倍镜放大观察。

（1）衣藻为卵圆形或椭圆形的单细胞植物，有些可见藻体的先端有两根等长的鞭毛，其细胞壁是纤维素的，外包被透明的胶质层。

（2）观察细胞内部，在藻体下端（大的一端）具有一个杯状的载色体，其上有一个大的具贮藏功能的淀粉核，细胞核位于载色体中央凹陷处。观察藻体前端的一侧有两个收缩泡，可以促使鞭毛摆动；收缩泡相对一侧有一红色眼点。藻体中除了上述各种结构外，均为原生质所填充。

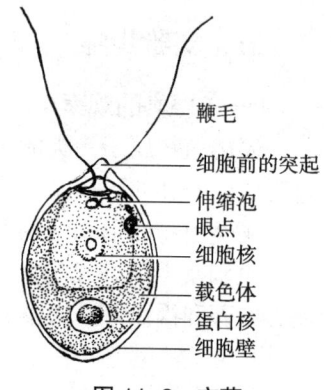

图 11-2　衣藻

4. 水绵

水绵原为淡水常见绿藻，喜生于无污染的清澈淡水中，但现在很多水质都受到污染，故也少见，给采集实验材料带来困难。

（1）取少许水绵营养体标本制成临时装片观察（图11-3）。

① 在低倍镜下观察，可见水绵的藻体是多细胞不分枝的丝状体，植物体的外面呈亮黄色即为胶层，用手触之有滑感。

② 进一步观察1个细胞的内部结构，可见水绵有一至数条带状并螺旋状排列的载色体分布在细胞中。

③ 用曙红染色，盖好盖玻片用高倍镜观察，在细胞中央有一较深的红色圆球，即为细胞核；若染色理想可见核周围有原生质丝。

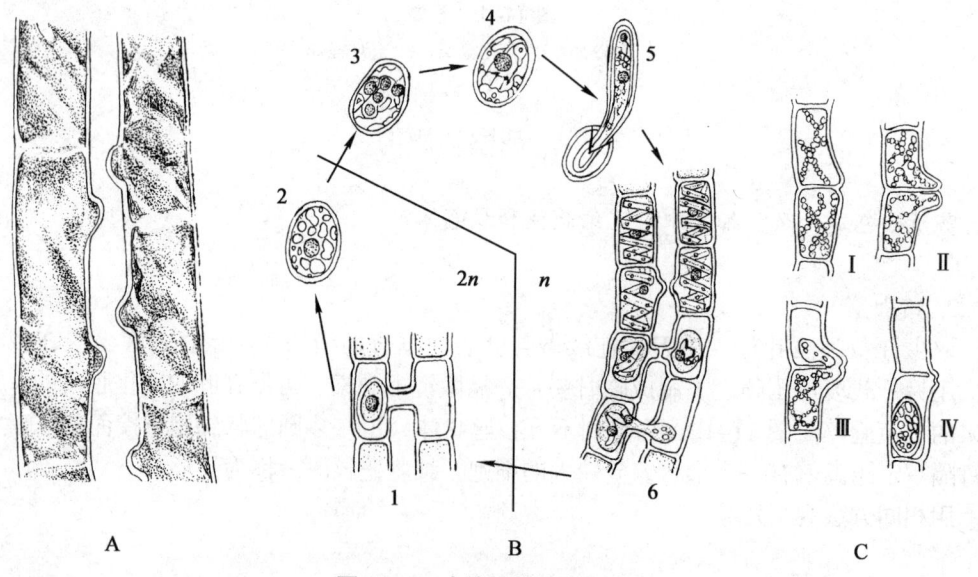

图 11-3　水绵属的接合生殖

A. 梯形接合前期；B. 梯形接合（1. 合子在配子囊中；2. 合子；3. 合子内细胞核进行减数分裂；4. 合子经减数分裂后，3 个核退化，1 个核有效；5. 合子萌发；6. 梯形接合各期）；C. 侧面接合，示各时期（Ⅰ~Ⅳ）

④ 再取另一条水绵制片，用I₂ – KI溶液染色后用低倍镜观察，可见载色体上呈现多个蓝色小圆粒，这是具贮藏作用的淀粉核。

（2）取水绵接合生殖装片观察其有性生殖过程。

① 水绵的有性生殖为接合生殖，用低倍镜观察生殖过程，可看到两条水绵丝状体平行靠近，并列细胞相对一侧先形成突起，进而两突起愈来愈长，直至相接，之后两突起横壁溶解，形成梯状接合管。

② 观察细胞内部，可看到在接合管形成的同时，原生质体完全浓缩形成不同性的配子。

③ 进一步观察，可见有些配子（＋）通过接合管流向另一条丝状体的细胞中，并与该细胞的配子（－）相结合形成黄色的合子。

5. 紫菜

紫菜为常见的红藻之一，主要由紫红色的片状体组成。基部以盘状固着器固着在基物上，无柄或具短柄。片状体边缘波状，在制成腊叶标本时可看到沿着边缘形成许多折叠。

观察紫菜装片，可见片状体由单层或双层细胞组成，细胞为胶质所包被，内有1~2个红色星状色素体，1个造粉核。

6. 海带

海带的外形和结构在藻类中达到了高度分化，也是褐藻中体形较大的一种，由带片、柄和基部固着器组成。固着器是叉状分枝的假根。成熟带片表面常见许多暗褐色疱状体，为孢子囊。

通过带片做与表面垂直的横切片，制成临时装片观察，可看到分为3层，外层为表皮，其次为皮层，中央为髓部。在皮层外缘有网形的分泌腔，由具分泌作用的分泌细胞组成。髓部由无色髓丝组成，有些髓丝顶部膨大成喇叭状，在成熟带片表面可看到无数棒状单室孢子囊，其间有隔丝。

（二）菌类植物观察

1. 细菌

取细菌三型涂片标本在显微镜下进行观察，辨别细菌的三种形态（图11–4）。

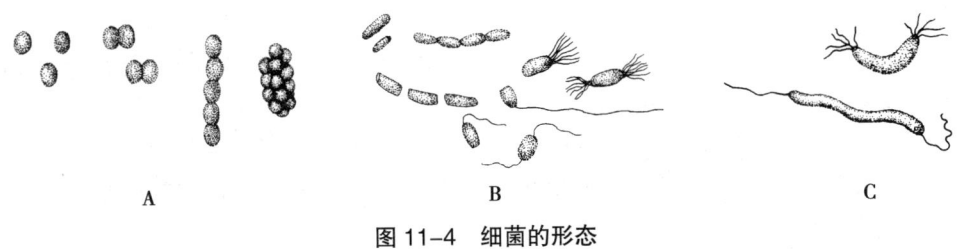

A　　　　　　　　B　　　　　　　　C

图11–4　细菌的形态

A. 球菌；B. 杆菌；C. 螺旋菌

2. 真菌

（1）黑根霉菌：藻菌纲植物，喜生于陈腐食物、腐烂蔬菜及水果等上。取黑根霉材料自制标本（或黑根霉装片）进行观察。

① 用解剖针在有霉菌的基质上挑取少许带黑色颗粒的菌丝于载玻片上，做成临时装片，用低倍镜观察。

② 可看到许多匍匐生长的丝状物，即为菌丝的匍匐枝。仔细观察菌丝可见均为无隔菌丝，属于单细胞多核菌丝体。在菌丝体上有些菌丝向下生长伸入基质即为假根。

③ 观察黑根霉的带黑色或有黑点的菌丝，在匍匐枝上有垂直向上、不分枝的丝状物，叫孢子囊柄。沿孢子囊柄向上观察可见上部膨大成圆球形的孢子囊，孢子囊柄伸向孢子囊中形成孢子囊轴。用解剖针挤压成熟的孢子囊，可见有多数黑色的孢子散出。孢子在适宜基质上萌发形成新的菌丝。

（2）青霉：水果腐烂表面常可看到青绿色绒毛即为青霉。取青霉材料自制标本（或青霉装片）观察（图 11-5）。

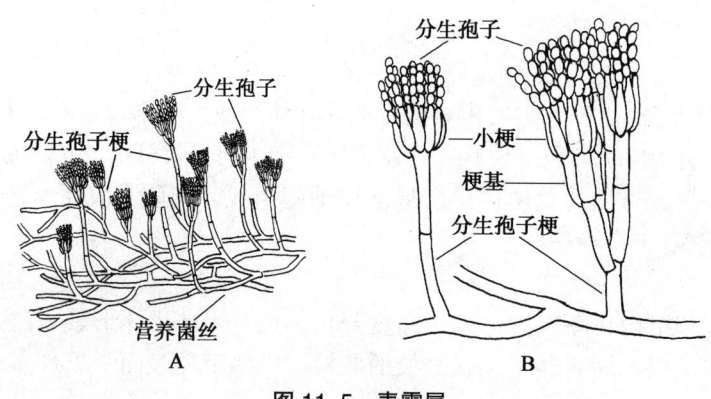

图 11-5 青霉属

A. 青霉属菌株，从营养菌丝上长出分生孢子梗；B. 放大的分生孢子梗

① 低倍镜下，可见菌丝由横膈膜分开成多细胞的丝状体，每个细胞中有 1 核。

② 观察青霉无性繁殖所形成的无性分生孢子。a. 高倍镜观察菌丝末端，可见其直立的分生孢子梗，经 2 ~ 3 次分枝，产生分生孢子小梗。b. 分生孢子小梗的顶部形成多个圆球形的分生孢子。这种孢子不产生于孢子囊内，所以称为外生孢子。c. 注意观察分生孢子梗有横隔，与曲霉不同。

（3）香菇：担子菌纲植物，是最常见的食用腐生伞菌。取香菇或蘑菇标本进行观察（图 11-6）。

① 子实体可分成菌柄和菌盖两部分。菌柄上有一圈比较薄的环状结构，称为菌环。菌环的有无与颜色也是伞菌的分类特征之一。

② 观察菌伞的形状与颜色，纵切菌伞，可见其上层有一些菌丝构成的假组织，下层皱褶状，称为菌褶。取菌褶切片在低倍镜下观察，可见上生有一排小的突起，名为子实层，其由不育的隔丝和能育的担子构成。

③ 换高倍镜下观察，可见担子的形状为长圆形，顶部有 4 个小柄，叫担孢子小梗。小梗上各有 1 个担孢子。担孢子成熟后落地形成新的菌丝。

观察与思考

通过实验观察，比较藻类植物与菌类植物有哪些不同？

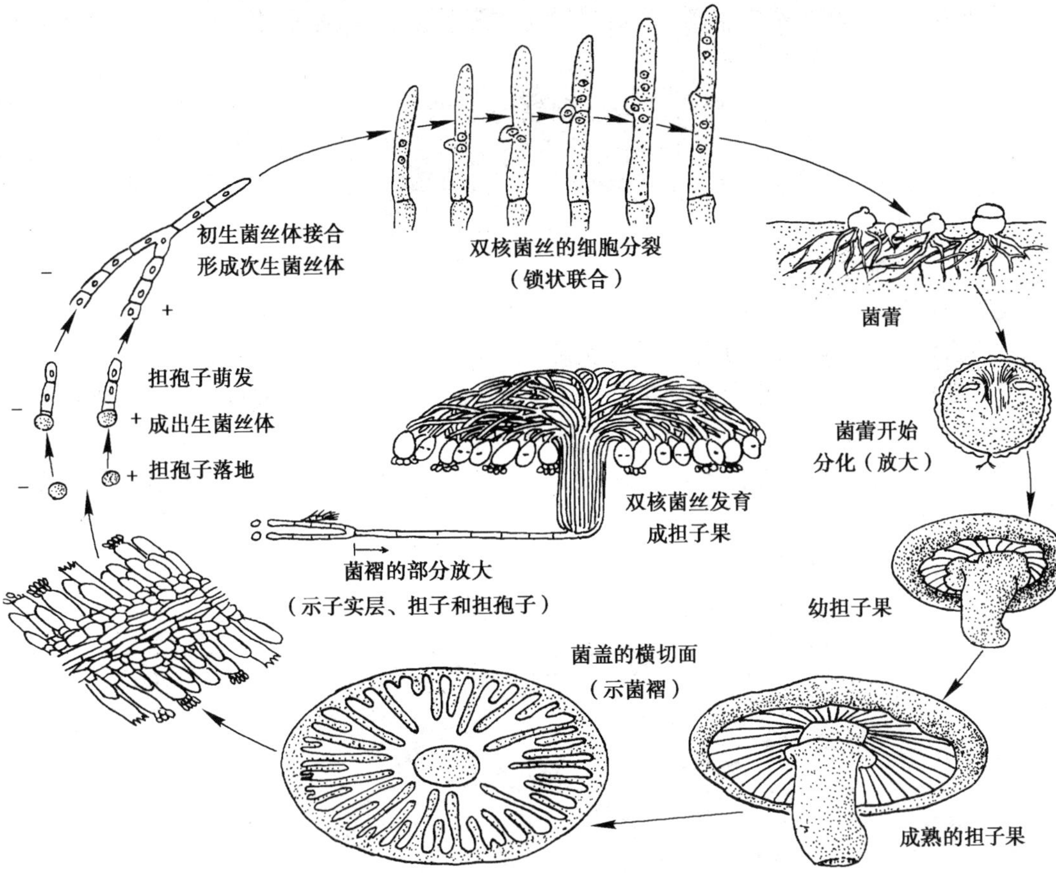

初生菌丝体接合
形成次生菌丝体

双核菌丝的细胞分裂
（锁状联合）

菌蕾

担孢子萌发
成出生菌丝体
担孢子落地

菌蕾开始
分化（放大）

双核菌丝发育
成担子果

菌褶的部分放大
（示子实层、担子和担孢子）

幼担子果

菌盖的横切面
（示菌褶）

成熟的担子果

图 11-6 蘑菇的形态与生活史

（三）地衣的形态与结构观察

1. 观察 3 类形状的地衣标本（图 11-7）。

（1）壳状地衣：壳状，紧贴于基质之上。

（2）叶状地衣：叶状，背面有假根与基质相连接。

（3）枝状地衣：丝状或枝状，直立丛生或下垂。

2. 取同层地衣切片用显微镜观察。

（1）首先观察切片上方与下方，可见由菌丝交织成密集的上皮层与下皮层。

（2）上皮层与下皮层之间分布有疏松排列的菌丝，菌丝之间混生着绿色的藻类。

3. 取异层地衣切片用显微镜观察。

（1）上皮层同样由菌丝紧密交织而成。

（2）上皮层下面有多数绿色藻细胞，即藻细胞层。

（3）藻层下部，无色的菌丝交织成地衣的髓部。

（4）向下观察，发现菌丝紧密交织成为下皮

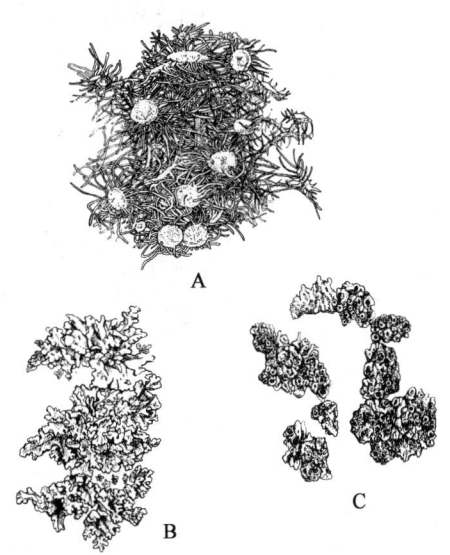

图 11-7 地衣的形态
A. 枝状地衣；B. 叶状地衣；C. 壳状地衣

层，其下有多数突起与基质相连（有的异层地衣无下皮层，宽的髓部直接与基质相联系）。

🔍 观察与思考

为什么说地衣是共生的复合有机体？

（四）苔藓植物的观察

1. 地钱

（1）取地钱营养体（配子体）进行观察（图11-8）：

① 营养体为扁平的叶状体，有背、腹面之分，背面生有多数假根与基质相连；腹面呈明显的二叉状分枝。

② 生长旺季可在腹面找到杯状胞芽杯，是地钱无性繁殖的产物，观察其内部有无胞芽产生、形状如何。

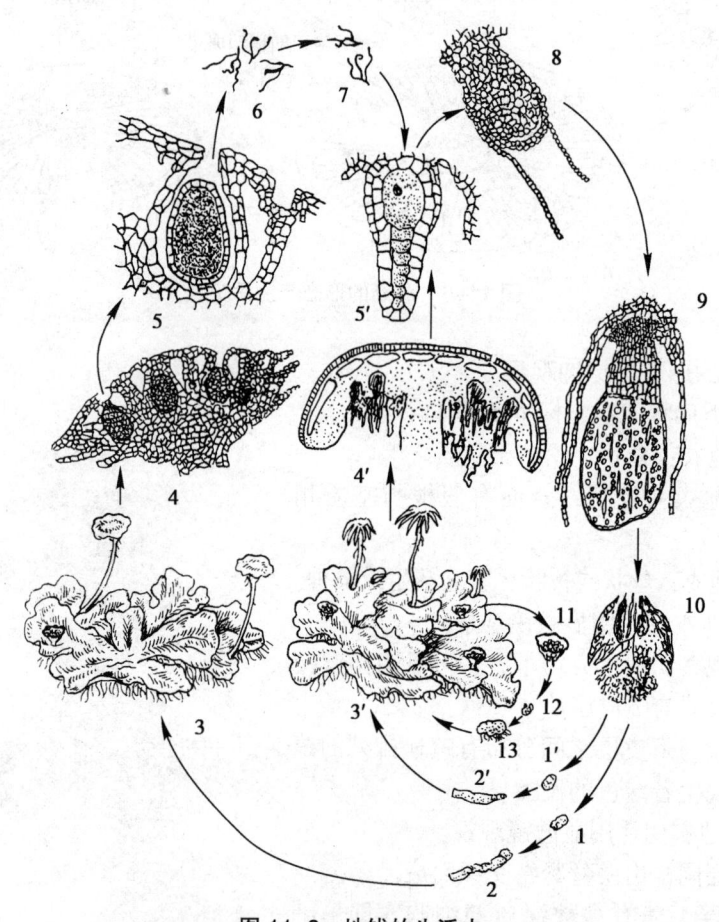

图 11-8　地钱的生活史

1-1′. 孢子；2-2′. 原丝体；3. 雄株；3′. 雌株；4. 雄器托纵切面；4′. 雌器托纵切面；5. 精子器；5′. 颈卵器；
6. 精子；7. 精子借助水游向卵细胞并与之结合；8. 合子发育成胚；9. 孢子体；10. 孢子及弹丝散发；
11. 芽杯内胞芽成熟；12. 胞芽散出；13. 胞芽萌发成新的叶状体

（2）地钱有性生殖器官观察：生于地钱叶状体分叉处，向上生长成细柄状托柄，顶部有雌器托或雄器托。地钱的配子体为雌雄异株。

① 取雌器托观察，每个雌器托在托柄的顶部有 8～10 条辐射状芒条，芒条下生有多个突起，即为颈卵器。

② 用低倍镜观察雌器托切片，可见芒条下方悬挂着瓶状的颈卵器。用高倍镜观察颈卵器，可分为颈部与腹部，再观察外面的壁细胞与里面的颈沟细胞、腹沟细胞与卵。

③ 取雄器托观察，可见其柄顶部不分枝，成为一圆盘状的雄托。

④ 用低倍镜观察雄器托切片，可见长卵圆形或椭圆形的精子器陷于雄器托顶部的组织中。精子器的外壁由一层排列整齐的薄壁细胞构成，内部充满众多精子细胞。高倍镜观察精子细胞，顶部有两根鞭毛。

🔍 观察与思考

地钱叶状体是孢子体还是配子体？地钱的生长点在哪里？与其分枝式样是否有关？

2. 葫芦藓

（1）取葫芦藓或其他藓类植物活体材料或标本观察（图 11-9）。营养体为配子体，有茎叶分化，有假根。配子体上寄生有孢子体——孢蒴，其下有蒴柄连于配子体上，上有蒴帽为配子体的一部分，并非孢子体。

（2）取葫芦藓的精子器与颈卵器切片在显微镜下观察。

① 雄株在枝端叶呈花状展开，可见棒状精子器夹在一些丝状体（隔丝）之间，观察

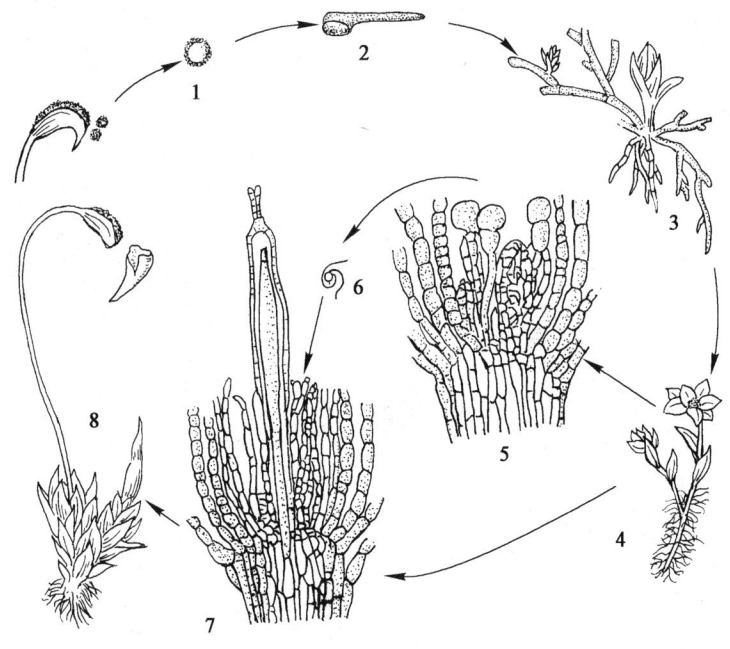

图 11-9　葫芦藓的生活史

1. 孢子；2. 孢子萌发；3. 具芽的原丝体；4. 成熟的植物体（具雌、雄配子体）；5. 雄器托纵切面；

6. 精子；7. 雌器托纵切面；8. 成熟的孢子体寄生在配子体上，孢蒴的蒴盖脱落后，孢子散出

精子器的构造及隔丝形状。

② 雌株顶端一般不像雄株特殊，下部略大而似瓶状的颈卵器，进一步观察其构造，识别其颈沟细胞、腹沟细胞和卵细胞。

🔍 观察与思考

① 为什么藓类植物的根被称为"假根"？

② 孢蒴中的孢子是如何产生的？是单倍体还是二倍体？

③ 苔藓植物也被称为植物界的"两栖植物"，为什么？

（五）蕨类植物的观察

1. 植物体观察

取铺地蜈蚣、乌毛蕨、蜈蚣草、芒萁、半边旗、井栏边草、巢蕨、星蕨、华南毛蕨、肾蕨、满江红等常见蕨类的植物体进行观察。

观察根状茎上密被的褐色鳞片，及其向上生长的羽状裂片和向下生长的许多小的不定根。

仔细观察叶片背面，在裂片上可见排成不同形状的黄色或棕褐色的圆形小堆，即孢子囊群。注意观察孢子囊群的形状及其在叶上的排列特点。

2. 用低倍镜观察蕨叶孢子囊群横切片

下表皮有部分细胞向外突起，并向周围延伸形似伞状，叫孢子囊群盖；中间的主轴叫孢子囊群轴。主轴的基部叫胎座，其上着生多数孢子囊。在孢子囊壁背部有部分为厚壁细胞所包围，叫环带。环带下部有一细小的孢子囊柄着生在囊群的胎座上。环带相对一侧为薄壁细胞，称为唇细胞，孢子成熟时环带细胞收缩而唇细胞裂开，散出孢子。孢子的形成即为无性世代的结束（图11-10）。

3. 用低倍镜观察真蕨原叶体（配子体）

观察顺序与要点：① 原叶体为心形，大部分只有一层薄壁细胞，只有中部增厚成多

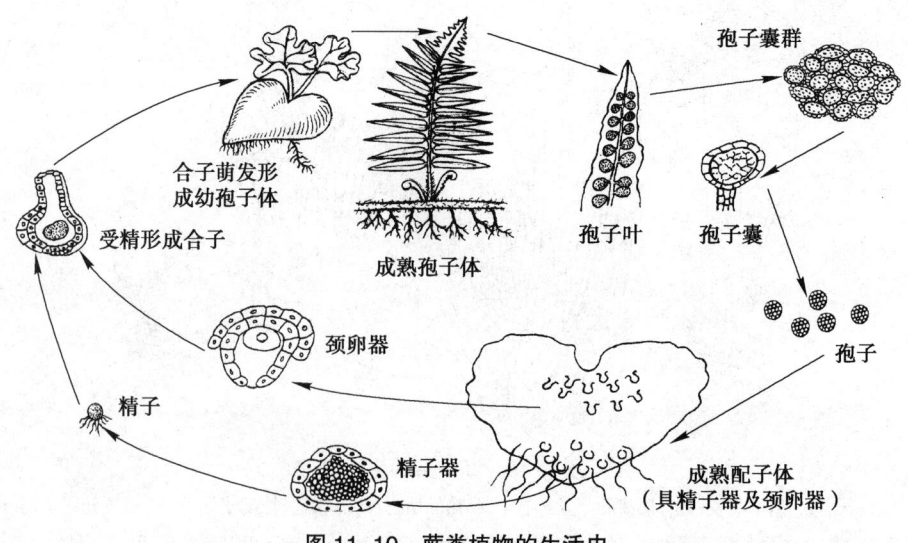

图 11-10　蕨类植物的生活史

层细胞。②原叶体的背面生有许多假根，用于固定于基质上。③仔细观察假根附近靠近原叶体凹陷处，生有多个乳头状的颈卵器。④换高倍镜观察，可见颈卵器的壁单层，颈沟细胞较少，腹部膨大，内有一个大的卵细胞和一个腹沟细胞。⑤原叶体顶部（有时位置有变化）分布有椭圆形的精子器，其壁也是单层细胞构成，内部形成螺旋形、带有鞭毛的精子。精子与卵子结合为合子时，则有性世代结束（图 11-10）。

🔍 观察与思考

① 原叶体是孢子体还是配子体？是单倍体还是二倍体？

② 精子器和颈卵器位于原叶体的腹面而不是背面，有什么适应性意义？

③ 通过与苔藓植物对比，说说蕨类植物更适应陆生环境的特点。

（六）裸子植物的观察

裸子植物是以种子繁殖但没有真正花和果实的一类维管植物。其主要特征为胚珠裸露、形成的种子裸露。孢子体多为多年生的木本植物，在生活史中占绝对优势，由大、小孢子分别发育成雌、雄配子体，配子体不能独立生活。

1. 苏铁植物形态观察

苏铁具有直立的柱状主干，少分枝，顶端簇生大型羽状复叶。雌雄异株；小孢子叶稍扁，鳞片状，螺旋状排列成柱状的小孢子叶球，生于茎顶，每个小孢子叶上生有 2~5 个小孢子囊组成的小孢子囊群。大孢子叶先端羽状分裂，密被褐色茸毛，基部柄状，柄两侧生有 2~8 个胚珠。大孢子叶丛生于茎顶，形成椭圆形的孢子叶球。

2. 马尾松枝叶外形观察

马尾松为常绿乔木，具有无限生长的长枝和有限生长的短枝，短枝上着生一束 2~3 枚的针叶，其中多数为 2 针一束（每束的针叶数是松属的分类标准之一）。马尾松针叶长而软，新枝芽上的鳞片叶红棕色（图 11-11）。华南地区常见的还有湿地松，其外形与马尾松很相似，但湿地松的针叶主要为 3 针一束，少 2 针一束。

3. 马尾松大、小孢子叶球外形观察

马尾松大、小孢子叶球同株，小孢子叶球多数，集生于新枝下部；大孢子叶球单生或 2~4 枚生于新枝顶端。

4. 马尾松雄球花（含小孢子囊）切片观察

显微镜下观察小孢子叶的结构及小孢子囊在小孢子叶上的着生位置，观察雄配子体（花粉粒）的结构，并注意观察细胞由外壁向外突出形成的气囊。

5. 马尾松雌球果观察

用放大镜观察新鲜或干燥的马尾松雌球果，注意区分球果轴、种鳞、带翅的种子，并注意种鳞在球果轴上的排列方式，以及种鳞和苞鳞结合的情况（松科的种鳞是螺旋状互生、覆瓦状排列，松科苞鳞和种鳞多分离，但松属例外，成熟时已经结合）。

6. 幼嫩雌球果切片观察

观察大孢子叶的排列及胚珠的着生位置，注意裸子植物的珠被是单层的，区别于被子植物。

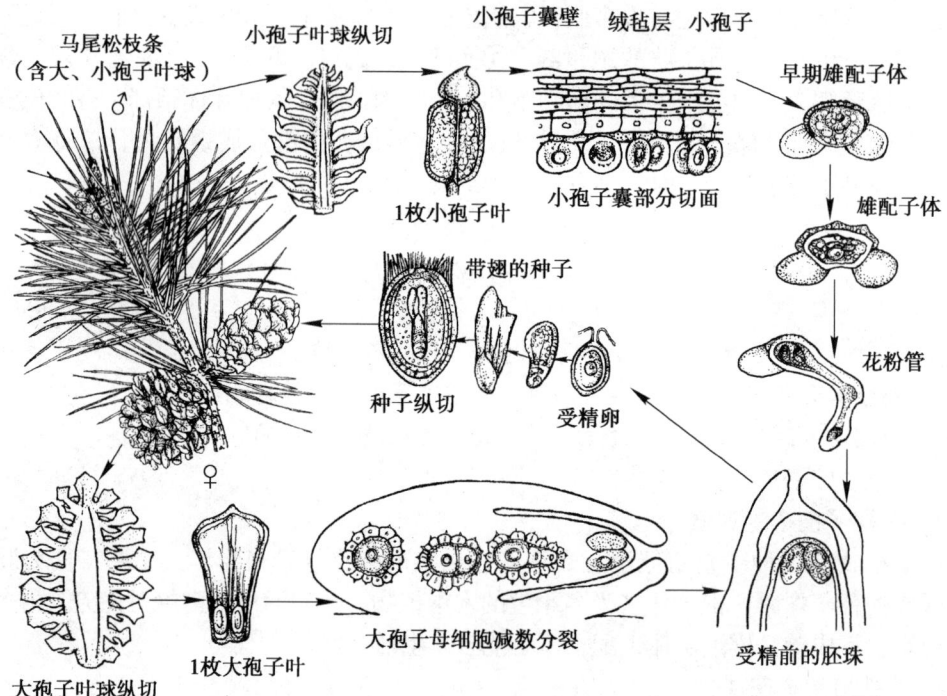

小孢子叶球纵切　　　小孢子囊壁　绒毡层　小孢子

马尾松枝条
（含大、小孢子叶球）♂

1枚小孢子叶　　　小孢子囊部分切面

早期雄配子体

雄配子体

花粉管

带翅的种子

种子纵切　　　受精卵

受精前的胚珠

大孢子母细胞减数分裂

1枚大孢子叶

大孢子叶球纵切

图 11-11　马尾松的生活史

7. 马尾松种子纵切面观察

取马尾松种子作纵切面观察发现，种子中央是圆锥状的胚，下端为胚根，上端为子叶（观察子叶数目）。裸子植物的子叶多数，区别于被子植物。子叶之间为胚芽，胚的外围是含有丰富营养物质的胚乳，最外层是种皮。

🔍 观察与思考

马尾松小孢子囊是长在小孢子叶的近轴面还是远轴面？胚珠长在大孢子叶的近轴面还是远轴面？

六、实验报告

1. 绘制颤藻和水绵的植物体结构图，并标明主要部分名称。
2. 绘制地钱或葫芦藓的精子器与颈卵器结构图，并标明各部分名称。
3. 绘制真蕨原叶体横切面（含孢子囊群）的部分结构图，并标明各部分名称。
4. 绘制马尾松小孢子叶球纵切面结构图，并标明各部分名称。
5. 绘制马尾松大孢子叶球纵切面结构图，并标明各部分名称。

被子植物分科概述

一、实验目的

1. 通过对代表植物的观察，了解被子植物不同类群的形态特征与结构，以及生活史特点，进而了解它们在植物界进化过程中所处的位置。

2. 识别被子植物的常见种类，学习观察和鉴定被子植物的基本方法，了解常见种类的应用价值。

二、实验内容

1. 观察被子植物不同种类的标本和新鲜材料，了解其外部形态特征，比较不同类群间的差异。

2. 解剖代表植物的花，了解其结构特点，分析其进化程度及其分类学意义。

三、实验仪器、用具

解剖镜、实验工具盒。

四、实验材料

以下有花、果的被子植物的新鲜标本或花的浸泡材料，其中重点解剖木兰科、十字花科、锦葵科、蔷薇科、豆科、菊科、百合科、棕榈科、兰科、禾本科植物。

1. 白兰（*Michelia×alba*）或玉兰（*Yulania denudata*）、紫玉兰（*Y. liliiflora*）、荷花木兰（*Magnolia grandiflora*）、黄缅桂（*Michelia champaca*）、含笑花（*M. figo*）等木兰科植物。

2. 青菜（*Brassica rapa* var. *chinensis*）等十字花科植物。

3. 朱槿（*Hibiscus rosa-sinensis*）或悬铃花（*Malvaviscus arboreus*）等锦葵科植物。

4. 月季花（*Rosa chinensis*）、玫瑰（*R. rugosa*）、枇杷（*Eriobotrya japonica*）、草莓（*Fragaria × ananassa*）等蔷薇科植物。

5. 朱缨花（*Calliandra haematocephala*）、银合欢（*Leucaena leucocephala*）、含羞草（*Mimosa pudica*）、巴西含羞草（*M. diplotricha*）、光荚偏差含羞草（*M. bimucronata*）、台湾相思（*Acacia confusa*）、翅荚决明（*Senna alata*）、双荚决明（*S. bicapsularis*）、黄槐决明（*S. surattensis*）等豆科云实亚科植物。

6. 羊蹄甲类（*Bauhinia*）等豆科紫荆亚科植物。

7. 刺桐（*Erythrina variegata*）、鸡冠刺桐（*E. crista-galli*）、豌豆（*Pisum sativum*）等豆科蝶形花亚科植物。

8. 对叶榕（*Ficus hispida*）、高山榕（*F. altissima*）、小叶榕（*F. microcarpa*）等桑科植物。

9. 夹竹桃（*Nerium oleander*）、软枝黄蝉（*Allamanda cathartica*）或黄蝉（*A. schottii*）、长春花（*Catharanthus roseus*）等夹竹桃科植物。

10. 龙船花（*Ixora chinensis*）、希茉莉（*Hamelia patens*）等茜草科植物。

11. 向日葵（*Helianthus annuus*）、肿柄菊（*Tithonia diversifolia*）、鬼针草属（*Bidens*）、南美蟛蜞菊（*Sphagneticola trilobata*）、非洲菊（*Gerbera jamesonii*）等菊科植物。

12. 五爪金龙（*Ipomoea cairica*）、牵牛（*I. nil*）等旋花科植物。

13. 凤梨（*Ananas comosus*）等凤梨科植物。

14. 香蕉（*Musa acuminata*）、大蕉（*Musa × paradisiaca*）等芭蕉科植物。

15. 百合（*Lilium* spp.）等百合科植物。

16. 海芋（*Alocasia odora*）等天南星科植物。

17. 短穗鱼尾葵（*Caryota mitis*）、棕榈（*Trachycarpus fortanei*）等棕榈科植物。

18. 杂交文心兰（*Oncidium hybrid*）、杂交蝴蝶兰（*Phalaenopsis hybrida*）等兰科植物。

19. 风车草（*Cyperus involucratus*）、球穗扁莎（*Pycreus flavidus*）、香附子（*C. rotundus*）等莎草科植物。

20. 小麦（*Triticum aestivum*）、水稻（*Oryza sativa*）、玉米（*Zea mays*）、大黍（*Panicum maximum*）等禾本科植物。

五、实验步骤

按照 APG Ⅳ 进行分科观察。

（一）木兰类

1. 木兰科（木兰目）

以白兰（图 12-1）为例观察：常绿乔木。叶片长椭圆形或披针状椭圆形；羽状网脉。花白色，花被片 10 多片，花萼、花瓣同形；雄蕊多数，分离，螺旋状生于柱状花托上；心皮多数、分离，为离心皮雌蕊。聚合蓇葖果。

（二）单子叶类

单子叶类主根多不发达，常为须根系。茎内维管束散生或轮状排列，无形成层，只有初生组织而无次生组织。叶脉常为平行脉或弧形脉。花基数多为 3。种子胚中具 1 枚子叶（或盾片）。

1. 百合科（百合目）

取百合（图 12-2）带花的枝条观察。

多年生草本；具鳞茎。叶椭圆状披针形，

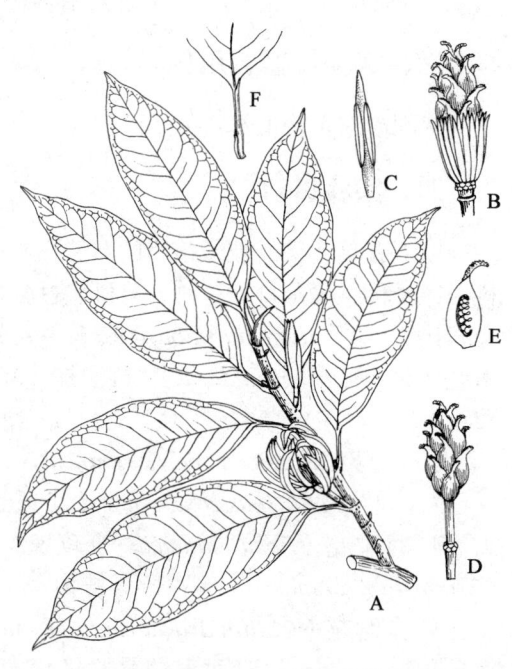

图 12-1 白兰

A. 花枝；B. 雄蕊和雌蕊；C. 雄蕊（腹面）；
D. 延长的花托和雌蕊；E. 雌蕊（心皮）纵切面；
F. 叶的一部分，示叶柄基部托叶的疤痕

互生。花白色，花被片 2 层，每层 3 片；雄蕊 6 枚，两轮；子房上位，3 心皮，3 室，中轴胎座。蒴果。

2. 兰科（天门冬目）

取带花的文心兰植株观察（图 12-3）。

多年生宿根草本。植株假鳞茎紧密丛生，扁卵形至扁圆形。叶 1～3 枚，椭圆状披针形。花茎直立或弯曲。整个花形似正着裙起舞的少女。总状花序基生，花序具分枝，具多数花；萼片相似，离生，与侧萼片多少联合，萼片上多数带褐色斑点或条纹；花瓣近中萼片，但较大；唇瓣全缘或 3 裂，侧裂片有耳；蕊柱短，上部具耳；花粉块 2，具槽。

图 12-2 百合

A. 植物全形；B. 雄蕊和雌蕊

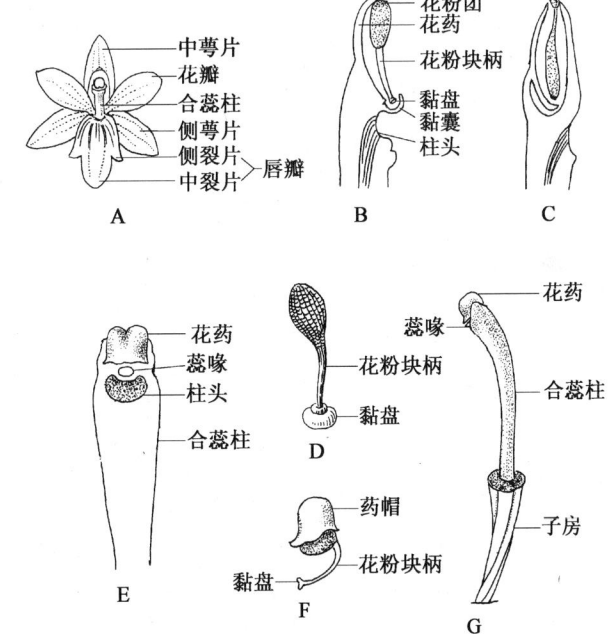

图 12-3 兰科花的构造

A. 兰花的花被各部分示意图；B. 兰花的基盘部；C. 兰花的顶盘部；
D. 花粉块的构造；E. 合蕊柱；F. 花药；G. 子房和合蕊柱

🔍 观察与思考

根据图 12-3，总结兰科植物适应虫媒传粉的特征。

3. 棕榈科（棕榈目）

取短穗鱼尾葵的有花枝条进行观察。

丛生小乔木。叶长 13 m，二回羽状全裂，末端一片形似鱼尾；叶鞘较短，长 50～70 cm，下部后被绵毛状鳞片。肉穗花序有分枝，稠密而短，长约 60 cm，生于叶腋间；总梗弯曲下垂；花单性，雌雄同株，常 3 朵聚生，中间 1 朵较小的为雌花；雄花萼片 3 片，离生，覆瓦状排列，花瓣 3 片，镊合状排列，雄蕊 15～25 枚；雌花花萼 3 片，覆瓦状排列，花瓣 3 片，镊合状排列；小穗长仅 30～40 cm，佛焰苞可达 11 枚。浆果球形，熟时蓝黑色，种子1粒。

　　另观察棕榈植株（图12-4）。

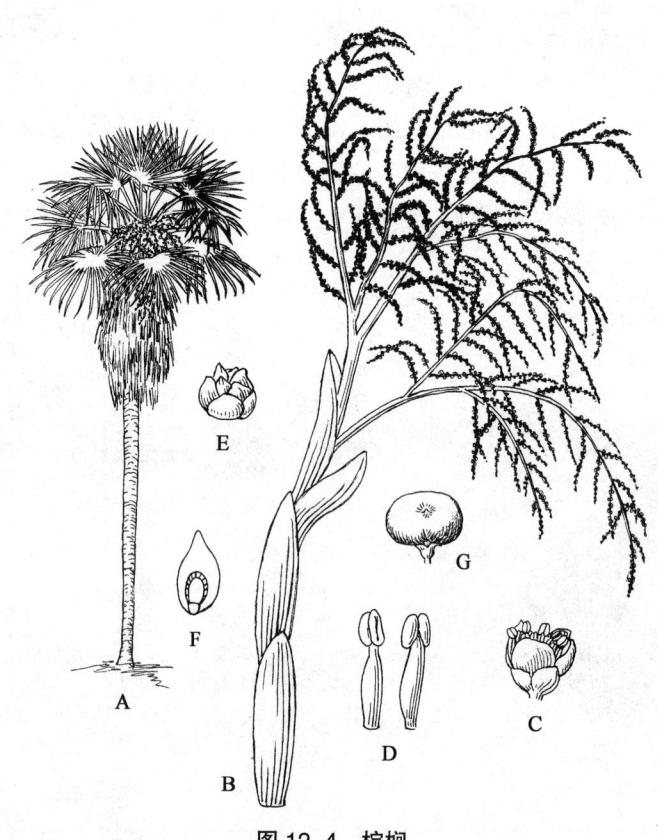

图12-4　棕榈

A. 植物全形；B. 雄花序；C,D. 雄蕊；E. 雌花；F. 子房纵剖面；G. 果实

4. 禾本科（禾本目）

取小麦（图12-5）穗状花序进行观察。

　　小麦的花序是由多个小穗状花序构成的复穗状花序，每个小穗由多朵小花构成。花被极度退化；花序轴曲折，每节上生一无柄小穗，每一小穗最外面有2薄片为颖片，下面1片为外颖，上面一片是内颖；两颖内有小花2~5朵；小花外面1片较大且中脉延伸成芒的叫外稃，里面1片为内稃；内稃里面基部有2枚薄片为浆片，雌雄蕊成熟时浆片吸水膨胀，将外稃和内稃打开，使雌雄蕊暴露出来，以利于风媒传粉。颖果。

　　用同样方法观察水稻（图12-6）、玉米（图12-7）等植物。

🔍 观察与思考

总结禾本科植物适应风媒传粉的特征。

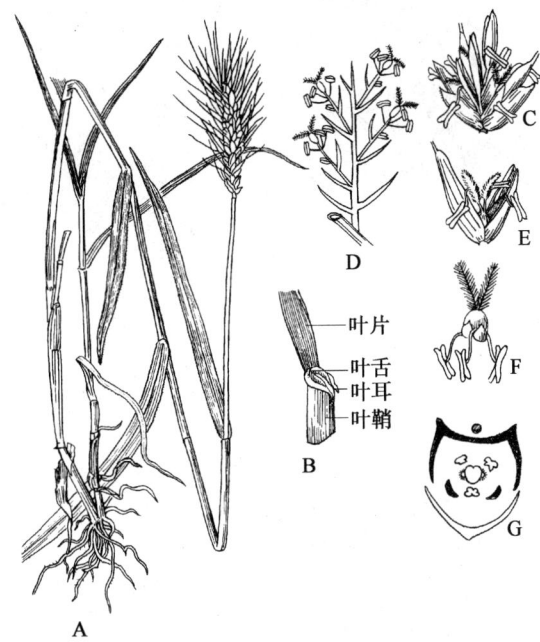

图 12-5　小麦

A. 植株；B. 叶，示叶舌和叶耳；C. 小穗；D. 小穗模式图；E. 小花；F. 除去内外稃的小花；G. 花图式

图 12-6　稻

A. 花序枝；B. 小穗；C. 颖片；D,E. 不孕小花外稃；F. 结实小花外稃；
G. 结实小花内稃；H. 雄蕊；I. 柱头；J. 子房；K. 浆片

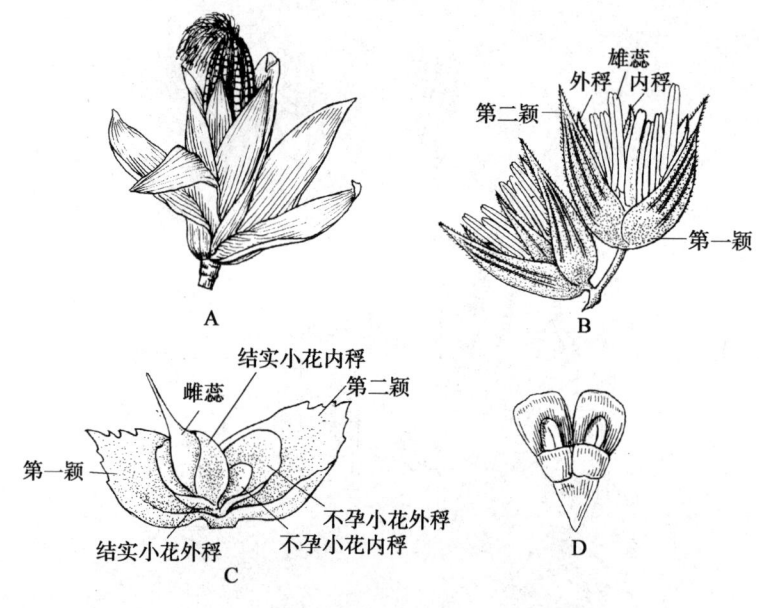

图 12-7 玉米

A. 果序；B. 雄小穗；C. 雌小穗；D. 二雌小穗形成的颖果

（三）蔷薇群

1. 豆科（豆目）

豆科分为 6 个亚科：紫荆亚科、甘豆亚科、山姜豆亚科、酸榄豆亚科、云实亚科和蝶形花亚科。

（1）以云实亚科朱缨花为例观察

灌木。二回羽状复叶，羽片 1 对；小叶 7～9 对，斜披针形。头状花序腋生，夏季开鲜红色花，花丝深红色，聚成一个可爱的绒球，故亦称"红绒球"；花萼、花瓣稍合生，辐射对称；雄蕊 10 枚，花丝下部合生。荚果线状。

（2）以云实亚科双荚决明为例观察

直立灌木。叶长 7～12 cm，有小叶 3～4 对，基部 1 对小叶间有黑褐色腺体 1 枚；小叶翠绿色，倒卵形，膜质；顶端圆钝，基部渐狭。总状花序生于枝条顶端的叶腋间，常集成伞房花序状，长度约与叶相等，花瓣鲜黄色，直径约 2 cm，两侧对称；雄蕊 10 枚，7 枚能育，3 枚退化，秋季为盛花期。荚果圆柱形，长 13～17 cm，直径 1.6 cm；种子二列。

（3）以蝶形花亚科鸡冠刺桐为例观察

落叶小乔木，高 2～4 m；茎和叶柄稍具皮刺。三出复叶。花与叶同出，总状花序顶生，每节有花 1～3 朵；花萼钟状，先端二浅裂；花冠深红色，长 3～5 cm，稍下垂或与花序轴成直角；花两侧对称，花冠不整齐，为蝶形花冠，花瓣 5 片，分为旗瓣、翼瓣、龙骨瓣；雄蕊 10 枚，二体，9 枚合生，1 枚分离；雌蕊 1 心皮。荚果长约 15 cm，褐色，种子间缢缩。

2. 蔷薇科（蔷薇目）

以玫瑰为例观察：枝有皮刺。羽状复叶互生，常具托叶；花托凹陷至杯状；花 5 基数；雄蕊多数、分离；子房下位，心皮多数，分离，生于下陷的花托中；蔷薇果。

3. 锦葵科（锦葵目）

以朱槿为例观察：灌木。叶互生，有托叶。花单生，有副萼。注意观察副萼、花萼、花瓣的数目和排列情况，并注意合生还是离生。园林栽培中，很多品种花瓣的形状变化比较大，甚至很多为重瓣。雄蕊多数，花丝合生成筒状，上端分离，属于单体雄蕊；用放大镜或解剖镜观察花药，可见其一侧有裂口，说明花药为一室。用解剖针将花丝合生的筒状管分成两半，可见里面包围着子房和花柱，子房上位；将子房作横切，可见为中轴胎座，5 心皮，5 室；花柱在顶端 5 裂，柱头 5。

4. 十字花科（十字花目）

以有花的青菜植物体为例观察：一年生草本植物。总状花序，花两性；花萼 4；花瓣 4，十字形排列，属于十字花冠；雄蕊 6 枚，4 长 2 短，为四强雄蕊；子房上位，2 心皮构成侧膜胎座，中间有假隔膜。长角果。

青菜为最普遍用于观察的蔬菜之一。还可观察常见的蔬菜如白菜、萝卜、油菜、芥菜等十字花科植物。

（四）菊群

1. 菊科（菊目）

取向日葵（图 12-8）的植株和头状花序观察。

（1）营养器官观察。一年生草本，全株具硬毛。叶宽卵形，基部心脏形，外缘具齿；具 3 主脉。

（2）生殖结构观察。大型头状花序，单生；花序外有多数苞片组成的总苞；边缘有舌状花，中央为管状花。

各取 1 朵舌状花和管状花解剖观察。舌状花为无性花，故无雌雄蕊。管状花，在花

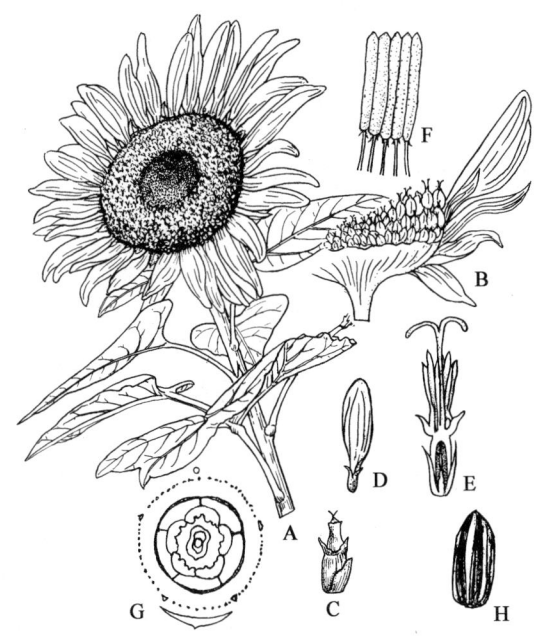

图 12-8 向日葵

A. 头状花序；B. 头状花序一部分的纵剖面；C. 管状花；D. 舌状花；
E. 管状花的纵切面；F. 聚药雄蕊；G. 管状花的花图式；H. 果实

的基部有一苞片，花的最外面有两片鳞片（萼片退化形成的冠毛），常早落；花瓣连合成管状，4~5裂；雄蕊4~5枚，着生在花冠上，花丝分离，花药合生为聚药雄蕊；柱头2裂，子房下位，子房由2心皮合生成1室，1胚珠着生在子房基部。瘦果。

其他可用于解剖的常见菊科植物有南美蟛蜞菊、肿柄菊、鬼针草、黄鹌菜、非洲菊、秋英、大丽花等。

六、实验报告

1. 绘图说明小麦小花的基本结构。
2. 编写本次实验观察的常见植物的分种检索表。

综合性实验

第二部分

植物细胞壁结构的特化与功能适应

一、目的与要求

细胞在生长分化过程中，由于在植物体中承担的功能不同，原生质体常分泌一些性质不同的物质添加到细胞壁中，或存在于壁的外表面，使细胞壁的组成成分、物理性质和功能发生变化。常见的细胞壁的特化类型有木质化、角化、栓化、矿化和黏液化。研究细胞壁的性质，有助于深入了解植物组织的构造及其功能的多样性。

二、实验仪器、用具和试剂

显微镜、实验工具盒、蒸馏水、I_2–KI 溶液、苏丹 III – 乙醇溶液、95% 乙醇（体积百分数，后同）、固定装片。

三、实验材料

马铃薯块茎、棉花茎横切片、梨果肉组织、新鲜茶叶片、水稻叶片、菜豆种子、萝卜根尖。

四、实验内容与研究方法

1. 通过徒手切片和滑走切片，制作简易装片。运用不同的组织化学染色法，对组织切片进行染色处理。

2. 显微镜下观察各种材料相关组织细胞壁的特化特征。

五、实验报告

1. 绘制各种材料显示的细胞壁特化的简单示意图。

2. 总结各种细胞壁特化与相关功能适应的关系。

实验十四

植物根、茎的初生结构、次生结构的比较

一、目的与要求

根与茎之间的各种组织都是彼此相连的。在初生结构中，表皮、皮层和维管柱的联系方式不尽相同。在根与茎的交界处（过渡区），维管组织的排列必须发生转变；在次生结构中，次生维管组织的排列在根和茎中则是一致的。本实验通过比较观察，学习了解根、茎初生结构和次生结构的异同点。

二、实验仪器、用具和试剂

刀片、显微镜、固定装片、铅笔、绘图纸。

三、实验材料

带根的木本植物植株、两张未标明营养体结构部位的幼期木本植物的横切片、两张同样未标明结构部位的多年生木本植物的横切片。

四、实验内容与研究方法

1. 观察木本植物植株的外部形态，了解营养体根、茎的大致划分。
2. 详细观察固定装片显示的结构，判断其分别属于营养体的哪个部分。
3. 分别总结根、茎初生结构、次生结构的异同点。

五、实验报告

1. 绘制根、茎初生结构、次生结构的简单示意图。
2. 分析根、茎的维管组织在个体发育过程中的转变与联系。

实验十五

植物叶片的形态结构与生境的适应

一、目的与要求

叶片的形态结构易随生态环境的不同而发生变异，特别是水分和光强度对叶的形态结构有明显的影响。本实验观察在不同生境下叶片的结构特点。

二、实验仪器、用具和试剂

刀片、载玻片、盖玻片、镊子、解剖针、显微镜、放大镜、解剖镜、固定装片、番红水溶液。

三、实验材料

不同生长环境条件下植物的叶片：夹竹桃、马尾松、芦荟、黑藻、眼子菜、茶、水稻、酢浆草。

四、实验内容与研究方法

1. 肉眼或借助放大镜、解剖镜观察不同生境下植物叶的外部形态。
2. 作徒手切片，制作临时装片，染色，在显微镜下观察不同物种叶片的结构。

五、实验报告

以旱生植物为例，说明叶片结构对环境的适应性。

实验十六

花的形态结构与传粉的适应

一、目的与要求

在长期的进化过程中，植物形成了各种适应不同传粉方式的花部形态结构与特征，如花序、雌雄蕊形态、花色、花冠形状、气味等。有关生物传粉机制的综合特征称为传粉综合征。本实验了解多种植物传粉类型与花的形态结构的适应性关系。

二、实验仪器、用具和试剂

解剖镜、解剖针、尖头镊子、载玻片、蒸馏水。

三、实验材料

收集正在开放的各种植物的花和花序，重点采集以下的种类：粗叶榕、舞女兰、美洲蟛蜞菊、马缨丹、水稻、小麦、香附子、马尾松、黑藻、金鱼藻。

四、实验内容与研究方法

1. 解剖、观察所采集的不同植物花的形态结构；选择部分植物盛花期的花或花序，观察并捕捉传粉者。

2. 观察并记录花的形态、性别、颜色、大小、蜜腺有无、对称性、气味等形态结构特征。

3. 按风媒、虫媒、水媒、鸟媒等不同传粉方式对所选物种进行分类。

五、实验报告

以表格的方式，分析总结不同植物种类的花形态、结构与传粉媒介和传粉方式的适应性。

实验十七

植物花粉形态观察

一、目的与要求

植物花粉粒的外部形态包括花粉粒的形状、大小、外壁纹饰，萌发孔（沟）的有无、形状、数量和分布等特征。这些特征在各种植物中相对稳定，常常是植物科、属甚至种的鉴定指标。有关花粉和孢子的形态、散布及分析、利用的学科称为孢粉学。本实验观察多种被子植物的孢粉学特征。

二、实验仪器、用具和试剂

载玻片、盖玻片、水浴锅、离心机、酒精灯、带数码成像系统的显微镜。

三、实验材料

不同被子植物成熟的花粉：白兰、大花紫薇、朱缨花、青菜、水稻、海芋、水竹草。

四、实验内容与研究方法

1. 在校园和周边地区采集多种开花植物的花粉；记录所采样本的详细信息，并采集凭证标本。

2. 花粉的处理和观察：花粉用额尔特曼乙酸酐分解法处理后，在光学显微镜下观察、测量。花粉粒大小以测量 20 粒为准，取其最大值、最小值和平均值。记录各种植物的花粉形态特征。描述术语主要参照额尔特曼（1962）。

五、实验报告

1. 总结花粉形态特征，填写下表。

	花粉粒形状	极轴/赤道轴比值	外壁纹饰	萌发孔（沟）数目
白兰				
大花紫薇				
朱缨花				
青菜				
水稻				

	花粉粒形状	极轴／赤道轴比值	外壁纹饰	萌发孔（沟）数目
海芋				
水竹草				

2. 以花粉形态特征对所观察的植物制作一个检索表。

实验十八

被子植物果实和种子的散布

一、目的与要求

被子植物果实和种子的散布，主要依靠风力、水力、动物和人类的携带，以及通过果实裂开时本身所产生的机械力量。在长期的自然选择过程中，不同的植物各自形成了具有一定特征和特性的果实和种子，以适应不同传播方式。本实验观察多种被子植物的果实和种子形态。

二、实验仪器、用具和试剂

解剖针、刀片、放大镜、解剖镜。

三、实验材料

不同被子植物的果实和种子：黄鹌菜、蒲公英、大花紫薇、莲、椰子、鬼针草、土牛膝、小麦、番茄、凤仙花、香膏萼距花、八角。

四、实验内容与研究方法

1. 肉眼或借助放大镜、解剖镜观察不同植物果实、种子的外部形态。
2. 编制一个表，记录各种植物的果实和种子适应于不同传播方式的特征。

五、实验报告

总结植物果实和种子适应于传播的机制。思考果实和种子的传播有利于物种的繁衍生存，传播能力的大小对新物种的形成有什么意义？

实验十九

菊科植物的多样性与适应性

一、目的与要求

在被子植物中，菊科不仅所含种类数多，分布也广泛。本实验从生长习性、花和果的构造，说明菊科的适应性结构。

检索表是快速鉴定植物的工具，它是根据归纳和分类的原则，将要鉴定的多种植物编成一个表，将它们彼此区分开来。本实验以校园内同科植物为例，学习使用、编制检索表。

二、实验仪器、用具和试剂

解剖镜、解剖针、尖头镊子、标本夹、草纸。

三、实验材料

校园内菊科植物。

四、实验内容与研究方法

1. 在校园内采集各种菊科植物，压制标本。
2. 利用各种工具书，鉴定采集的各种菊科植物。
3. 总结菊科植物的共同形态特征。

五、实验报告

1. 试从花、果的构造（绘简图），以及其他特征说明菊科有哪些特殊的适应性形态结构特征？
2. 编制校园菊科植物的等距检索表。

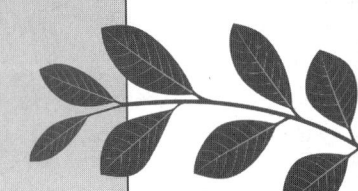

附　录

光学显微镜的使用与维护

显微镜（microscope）是进行生命科学研究必不可少的工具，光学显微镜可把被观察的物体放大数百倍至上千倍，人们借助显微镜能够看到物体中肉眼看不到的细微结构。在植物学研究中，要了解植物细胞、组织和器官的结构，都必须借助显微镜。因此开展植物学相关研究必须了解显微镜的构造，掌握正确的使用方法和一般的维护方法，这也是植物学实验要达到的目的之一（附图1-1）。

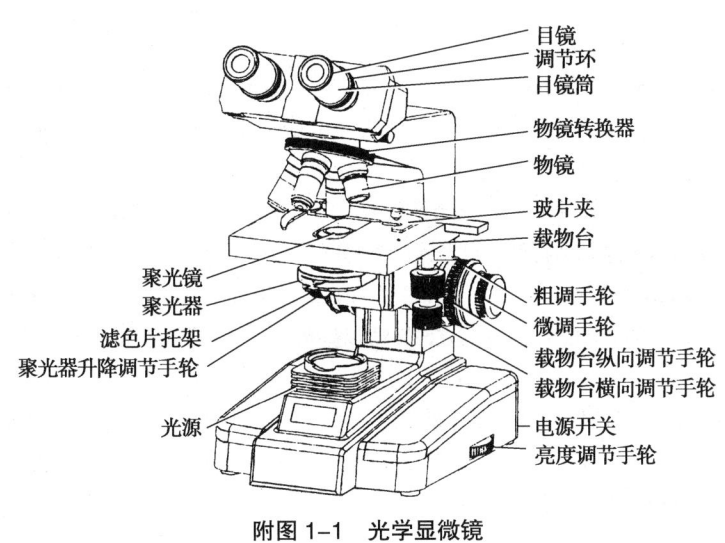

附图 1-1　光学显微镜

一、显微镜的构造

普通的光学显微镜由光学系统（optical system）和机械装置（mechanical apparatus）组成。光学系统使被检标本放大成像；机械装置作为光学系统的支架和其他辅助作用。

（一）显微镜的光学系统

显微镜的光学系统主要包括物镜、目镜、聚光器、反光镜以及承载标本的玻片等部分。

1. 物镜（objective）

物镜是决定显微镜性能的最重要部分，其作用是将标本放大成一个倒立的实像。每台显微镜通常备有几个放大倍数不同的物镜，如4倍（4×）、10倍（10×）、40倍（40×）等。一般把放大倍数在10倍以下的称为低倍镜，20倍左右的称为中倍镜，40～65倍的称为高倍镜。在使用时，这几种物镜与标本之间的介质为空气，所以是干物镜；放大倍数为90～100倍的物镜，在使用时必须在物镜与标本之间加上折射率与玻璃相近的液体介质，所以称为浸液物镜。常用的液体介质有香柏油（cedar oil）等，以香柏油作介质的即称为油浸物镜（简称油镜），以蒸馏水（distilled water）作介质的称为水浸物镜（简称水镜）。物镜安装在镜筒下端的物镜转换器上，观察标本时可根据对放大倍数的需要进行换用。

物镜筒上印有物镜性能的主要参数，如在 10 倍物镜的镜筒上印有 $10 \times /0.25$ 和 160/0.17（或 $10 \times$ N.A. 0.25　160/0.17），表示这个物镜放大倍数为 10 倍，数值孔径（numerical aperture）为 0.25，相匹配的镜筒长度为 160 mm，要求使用的盖玻片标准厚度为 0.17 mm。

当一个物镜聚焦至物像清晰时，从物镜的前端到盖玻片的上表面的距离称为该物镜的工作距离；物镜的放大倍数越高，其工作距离越短。

2. 目镜（eyepiece）

目镜的作用是将由物镜放大成的物像再进一步放大成一个直立的虚像，达到人眼适宜观察的程度，其作用相当于一个放大镜，但它并不能增加显微镜的分辨力。一台显微镜备有几个放大倍数不同的目镜，如 $5 \times$、$10 \times$、$12.5 \times$ 等，放大倍数印在目镜的上面。目镜安装在镜筒的上端，根据需要可换用不同倍数的目镜。

$$显微镜总放大倍数 = 物镜放大倍数 \times 目镜放大倍数$$

注意式中所指的放大倍数是指长度而不是面积。例如，长度为 1 μm 的标本放大 100 倍，则其物像长度为 100 μm。

3. 聚光器（condenser）

聚光器的作用是把来自光源的光线汇聚成束，透过标本后再射入物镜中去以增强视野（即显微镜中所能看到的范围）的照明强度。聚光器主要由聚光镜（condensing lens）和可变光阑（iris diaphragm）组成。可变光阑又叫虹彩光阑，位于聚光镜的下方，由十几片金属薄片组成，中心部分围成圆孔。移动可变光阑调节杆，可改变圆孔孔径大小从而调节视野照明。升高或降低聚光器也可使照明变强或变弱。在聚光器下方有一个圆环形的滤光片托架，根据镜检需要可放置滤光片。

构造简单的显微镜没有聚光器而有一个转盘光阑（desc diaphragm），这是一个有几个口径大小不同圆孔的金属圆盘。转盘光阑固定在载物台下方，转动转盘光阑选用不同口径的圆孔，即可调节光照强度。

4. 反光镜（mirror）

反光镜的作用是把光源投射来的光线向聚光器反射。反光镜一面为平面镜，一面为凹面镜，可根据光源强弱选用。反光镜安装在聚光器下方，可以朝任意方向翻转以便朝向光源。目前使用的显微镜一般在镜座内安装内置式灯光照明，因此不需用反光镜。

5. 载玻片（slide）和盖玻片（cover glass）

供显微镜观察用的标本必须用载玻片和盖玻片制成玻片标本。玻片的质量会影响显微镜的成像质量。玻片除了要求无色、平滑、透明度好之外，显微镜在设计上对玻片的厚度也有一定的要求。一般载玻片标准厚度为（1.1 ± 0.04）mm，盖玻片标准厚度为（0.17 ± 0.02）mm。使用时玻片应充分清洗并擦拭干净。

（二）显微镜的机械装置

显微镜的机械装置由金属或塑料制成，主要有镜座、镜柱、镜臂、载物台、镜筒、物镜转换器和调焦装置等。

1. 镜座（base）

显微镜的底座，使镜体保持平稳。

2. 镜柱（pillar）

位于镜座后方中部向上直立的部分。

3. 镜臂（arm）

连接镜柱和镜筒的弯曲部分，也是取用显微镜的手持部分。

4. 载物台（stage）

也叫镜台或工作台，是放置玻片标本的地方。在载物台中央有通光孔。载物台上有用于固定标本的玻片夹。通过载物台下方的调节手轮可使玻片夹（或载物台）前后或左右移动。

5. 镜筒（tube）

镜筒的上端安放目镜，下端连接物镜转换器。镜筒长度（从插入目镜处的镜筒顶端到物镜转换器的物镜安装端面之间的长度）也称为机械筒长，一般为 160 mm。

6. 物镜转换器（revolving nose-piece）

由两片凹面朝上的金属圆盘组成，上盘固定在镜筒下端，下盘可旋转。下盘有 3～4 个螺旋口用于安装物镜，转动转换器的下盘即可以把选用的物镜旋至光路中。

7. 调焦装置（focusing adjustment）

用于调节物镜与标本之间的距离（调焦），以便得到清晰的物像。调焦装置由一对粗调手轮（粗调焦螺旋）和一对微调手轮（细调焦螺旋）组成，转动手轮可使载物台（或镜筒）上升或下降，达到调焦目的。

二、显微镜的使用方法

显微镜的使用有一定步骤，但每一步骤的具体操作在不同型号的显微镜中可能不同。下面主要以 Motic 型生物显微镜为例，说明显微镜的使用方法和步骤。

（一）显微镜的取用和放置

取用显微镜时，应一手紧握镜臂，一手托住镜座，使显微镜在移动过程中保持直立状态，防止因镜体倾斜致使目镜、反光镜等部件脱落。显微镜放置在桌面上离桌子边缘 5～10 cm 处，稍偏向座位的左边，以便腾出右侧位置进行观察记录或绘图。

（二）显微镜的清洁

显微镜在使用前后均应进行清洁，除去灰尘、湿气等。清洁时，非光学玻璃组成的部件可用专用布或毛巾轻轻擦拭；光学玻璃部件必须用擦镜纸擦拭。如果镜头上沾有糖水、油脂等不易除去的脏物，可用擦镜纸蘸少许无水乙醇擦拭。

（三）调光

使用内置式光源的操作步骤：

1. 接通电源，打开显微镜电源开关，照明灯即亮。

2. 把聚光器光阑开至最大。

3. 把 10 倍物镜旋至工作位置，从目镜中观察，并转动亮度调节手轮，使视野照明调至适宜（明亮且柔和）。

（四）放置玻片标本

转动粗调手轮，把载物台降至最低，把玻片标本放置在载物台上，用玻片夹压紧。转动调节手轮，纵向或横向移动玻片夹（如果是简单的玻片夹，可直接移动玻片），使玻片中的标本正对着聚光镜中央位置。

（五）用 10 倍物镜调焦

调焦就是调节物镜与标本之间的距离，以便通过目镜能看到最清晰的物像。调焦应从低倍镜开始，这是因为物镜的放大倍数越低，物方视场（标本在显微镜下实际能被观察到的圆形区域的直径）就越大，物像越容易被找到。一般用 10 倍物镜调焦（标本微小时可先用 4 倍物镜调焦）。步骤如下：

1. 从显微镜侧面注视物镜与标本之间的距离，同时慢慢转动粗调手轮上升载物台，使物镜接近玻片标本（以两者不相接触为度）。

2. 从目镜中观察，并反方向慢慢转动粗调手轮，下降载物台直至视野中出现物像。

3. 转动微调手轮至物像最清晰。

（六）调节瞳距

两眼打开，同时从左、右两个目镜中观察，并通过向内或向外滑动目镜来调节双目镜之间的距离，使左、右两个目镜的视场完全重叠（即左、右目镜中的图像合二为一）。

（七）调节视度

在 10 倍物镜下把物像调至最清晰，然后将 40 倍物镜旋至光路，先用右眼从右目镜中观察，调节微调手轮至物像最清晰；然后左眼从左目镜中观察，并转动目镜筒上的调节环至物像清晰。这种调节补正了使用者两眼视力的差异。

（八）观察标本

完成上述步骤后即可进行各种玻片标本的观察。步骤如下：

1. 低倍镜观察

放置玻片标本，用 10 倍（或先 4 倍后 10 倍）物镜调焦并观察。

2. 转换高倍镜观察

根据需要，有的标本在低倍镜下观察完后，还需要把其中的一些局部进一步放大，以便观察其细微结构，这时可转用高倍物镜（40～65 倍）。方法如下：

在 10 倍物镜下把物像调至最清晰后，移动玻片把物像中需要进一步放大的部位移至视野止中央（视野中所见物像为倒像，移动标本应往相反方向移动）。然后转动物镜转换器把高倍物镜移至光路中，再稍加微调焦即可得到清晰的物像。

此外，以下事项需要操作者注意：

（1）从低倍镜转到高倍镜时不需调整物镜与标本之间的距离，在低倍镜物像最清晰时直接转动物镜转换器即可，这种操作称为同高调焦。因为在显微镜设计时，已根据每个物镜的工作距离确定其镜筒的长度，物镜放大倍数越低，其工作距离越长，物镜镜筒越短；反之，物镜放大倍数越高，其工作距离越短，则物镜镜筒越长。这样安装在转换器上的几个不同放大倍数的物镜，它们的焦点基本上处在同一水平面上，存在的微小误差稍加微调即可校正。

（2）正常情况下，使用高倍镜时不能用粗调手轮，否则容易发生镜头与玻片碰撞事故。

（3）观察过程中应根据不同倍数的物镜或标本的不同透明度进行视场亮度调节，使亮度充足，光线柔和舒适，物像清晰。

（九）还原

1. 标本观察结束后，应转动物镜转换器，把高倍物镜移至外侧，再取出标本；需要观察新标本时，重复上述操作。

2. 全部标本观察完毕，不再用显微镜时，须把显微镜还原，步骤如下：

（1）先关闭显微镜灯，再切断电源。

（2）下降载物台，然后按照上述"清洁"步骤擦拭干净显微镜。

（3）把高倍镜转至外侧，有反光镜的把反光镜调至垂直状态；最后把显微镜放入显微镜柜中，并罩上防尘罩。

三、光学生物显微镜的一般维护

显微镜是精密的光学仪器，必须小心使用和维护。

1. 初次使用显微镜时，应仔细阅读使用说明书，或在有经验的人员指导下了解各个部件的结构、功能及使用方法。

2. 严格遵守操作规程，防止粗暴操作，以免因操作失误而损坏显微镜构件。

3. 显微镜的保管要求防潮、防霉、防尘、防热、防震，所以显微镜应存放在凉爽干燥处，并避免阳光直射。

4. 建立"仪器使用和维修"登记制度，及时记录显微镜的使用情况和故障排除情况，以利于维护保养，使显微镜保持良好的状态。

四、体视显微镜（解剖镜）的使用

1. 打开透射和反射光源开关，并调节聚光装置直到获得所需亮度。

2. 调焦：将标本置于工作台中间，先把变倍手轮旋至对应 0.8 数字时，调节调焦手轮，使标本在目镜成像清晰。然后再旋转变倍手轮到 6.3 数字，如标本不很清晰，再微量调节手轮，直到清晰为止。

3. 目镜视度调节，以补偿视差。调节双目瞳距与观察者眼距一致。

4. 可变光阑：观察时适当调节可变光阑大小，可提高成像衬度。

五、数码生物显微镜

数码生物显微镜是由生物显微镜、数码摄像头和电脑组合而成的（附图 1-2）。它是将显微镜看到的实物图像通过数码转换，使其成像在显微镜自带的屏幕上或与其连接的计算机上。我们可以在显微镜下找到一个目标位置后进行拍摄，并对拍摄图片进行储存及处理，这不仅可以作为实验的数据进行对比，还能永久地保存下来作为一份有价值的参考数据。

数码生物显微镜的使用：

1. 在使用数码显微镜之前，应该先在计算机上安装好软件驱动及相应的图像软件（如 images advanced、digilab Ⅱ 等）。

2. 连接好数码显微镜与电脑，然后运行图像软件，选择"文件"菜单中的"采集窗"就可以成像了（见附图 1-3）。

3. 在菜单中选择"白平衡""色彩调节"等，可以自行调节图像的亮度、对比度、饱和度等。

4. 在菜单中选择"图像捕捉"中的手动拍照，选择想要的图像的大小进行输出，也可以进行视频输出，输出文件格式应用".jpeg"等常用格式。

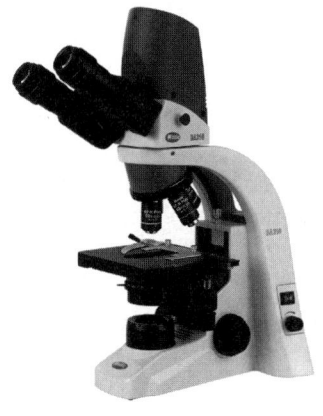

附图 1-2 数码生物显微镜

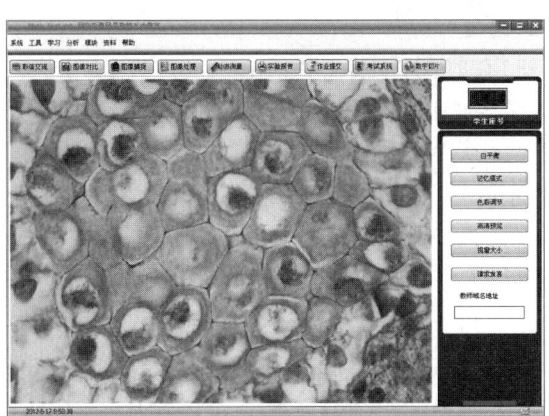

附图 1-3 图像软件截屏

附录二

简易临时玻片标本的制作

光学显微镜所能分辨的材料必须薄而透明。因此，待镜检的材料预先要切成薄而平的切片贴在载玻片上，制成玻片标本。观察时把标本置于显微镜的载物台中央，光线从下部向上透过材料。由于生物体细胞、组织各部分对光线的吸收不同，透过细胞组织后光线便产生不同程度的减弱，从而显现出细胞组织结构的图像。

玻片标本有装片和切片两种。装片是把厚度不大，容易透光的材料直接在载玻片上制成玻片标本。切片就是把厚的材料先用切片刀切成薄片，再在载玻片上制成玻片标本。根据使用的目的和制法不同，装片和切片均有供临时观察用的临时片和供长期保存使用的永久片两种。

一、实验目的

1. 初步掌握临时装片标本的制作。
2. 初步掌握临时徒手切片标本的制作。

二、实验仪器、用具和试剂

培养皿、显微镜、实验工具盒、蒸馏水。

三、实验材料

1. 洋葱肉质鳞叶（或其他植物的叶片）
2. 任一种植物的幼茎

四、实验步骤

（一）临时装片（temporary mount）（表面片）标本的制作

1. 清洁玻片

把装片所用的载玻片和盖玻片擦拭干净，以免材料模糊，影响观察。

擦片办法：左手拇指和食指卡住玻片两边，用右手两个手指裹以绸布夹住玻片的上、下两面，来回移动擦拭。然后对光检查玻片，若仍有灰尘，必须再擦；若有油污则用乙醇清洗后再用清水洗净擦干，或把玻片用碱水煮片刻，再用清水洗净擦干。

注意：盖玻片极薄，容易破碎，擦拭时不宜用力过大。

2. 滴水

取干净的载玻片平放于桌面上，用吸管在载玻片中央加 1 滴蒸馏水。水可以保持材料呈新鲜状态，避免材料干缩，同时使材料透光均匀，成像更加清晰。

3. 取材

用镊子撕取洋葱鳞叶（或其他植物叶片）一小片下表皮（为避免撕下过大、过长的表皮，可预先用刀片在洋葱鳞叶表皮层浅割"井"字形范围，然后在划定的范围内取表皮），然后立即把撕下的表皮放入载玻片的水滴中，再用镊子或解剖针轻压表皮，使表皮浸没水滴中，并仔细展平，使表皮无重叠、无皱褶。

4. 加盖玻片

用镊子轻夹盖玻片的一边，使盖玻片的相对另一边先接触载玻片中央的水滴，然后慢慢地把盖玻片轻轻盖在材料上，尽量避免产生气泡。如有气泡，可用镊子从盖玻片的一侧揭起，然后重新慢慢地盖上。

良好的装片是不存在气泡的，但初次练习者，难免产生气泡。可在显微镜下发现和观察气泡，它为一小球体，具有黑边的小圆圈，中间发亮。可明显和细胞区别开来。

5. 调整水分

加盖玻片之后，若盖玻片或材料在水滴上浮动，或有水溢出盖玻片外，则说明水太多，可用吸水纸吸取多余的水。若水不能布满整个盖玻片，则说明水太少，可用滴管在盖玻片边缘加水少许，直至盖玻片下方充满水为止。至于载玻片上其他地方若有水，则要将它抹干。良好的装片是：材料无皱褶，不重叠，水分适宜，无气泡。经过多次练习后是能达到此标准的。

上述制好的临时装片即可供镜检之用。

（二）粉末制片法本法

适用于 50～60 目的药材或植物材料干燥粉末。根据实验目的不同，粉末的临时制片有 3 种不同的装片方法，即水装片、稀甘油或甘油乙酸装片、水合氯醛试液装片（有时还需水合氯醛冷装片）法。具体操作时用牙签挑取少许样品粉末，置于载玻片中央稍偏一侧的位置，然后根据需要加适合试剂 1～2 滴，用解剖针轻轻搅匀，加盖片即可。制作水合氯醛加热透化的粉末标本片时，一般应加热 2～3 次透化至透明。其他制作步骤同临时装片标本的制作步骤 1、步骤 2、步骤 4、步骤 5。

（三）解离制片法

本法是利用化学物质将植物细胞与细胞之间的物质溶解，使细胞相互分离，称为组织解离。解离前，将样品切成宽或厚约 2 mm 的小块。常用的组织解离法有以下几种：

1. 氢氧化钾（钠）法

适用于薄壁组织发达，木化组织少或散在的植物材料。将所需材料放于试管或小烧杯中，加适量 50 g/L 氢氧化钾（钠）溶液，加热至用玻璃棒轻压能离散为止。除去碱液并加水洗至中性，取所需部位适量置载玻片上，用解剖针撕开，稀甘油装片即可。

2. 硝铬酸法

适用于坚硬的植物材料，如木化组织发达或集成较大群束的植物材料。取植物材料放于试管或小烧杯中，加硝铬酸试液适量，放置至用玻璃棒轻压能离散为止，也可稍加热，缩短解离时间。倾去酸液，加水洗至中性，将所需部位适量置于载玻片上，用解剖针撕开，稀甘油装片即可。

3. 氯酸钾法

适用于坚硬的植物材料，如木化组织发达或集成较大群束的植物材料。将样品材料置于试管中，加硝酸溶液及氯酸钾少量，缓慢加热（如产生的气泡渐少时，再加入少量氯酸钾来维持气泡稳定产生）至用玻璃棒轻压及离散为止，倾去酸液，加水洗至中性，将所需部位适量置于载玻片上，用解剖针撕开，稀甘油装片即可。

用氯酸钾法解离操作时应在通风处，以免中毒。

（四）临时徒手切片（temporary free hand section）标本的制作

徒手切片是用手持刀片，把植物材料切成合乎要求的薄片。此法用具简单，一般的双面刀片或剃刀都可以用来切片。操作也简便，经过一定时间的练习，就可以很快制出符合要求的临时切片标本。

1. 取材

取适当大小的根或茎，将其清洗干净，用解剖刀或刀片把材料切成 3～4 cm 的长小段，置于培养皿的水中待用。

2. 切片

先取一段材料和新刀片并蘸上水，以保持材料和刀片的湿润与润滑。然后用左手食指与拇指夹持材料，使材料与食指相垂直并使材料高出手指约 3 mm；右手持刀片，使刀口与材料之间的夹角保持在 30°～40°，而刀片则依托左手的食指。切片时双手配合，左手尽量保持平稳不动，持刀的右手用臂力，使刀口从左前方向右后方拖滑而过。切片的切面要薄而平正，如果是横切面，应使切面与器官的长轴相垂直，否则会得到斜切片，不能在显微镜下区分清楚细胞组织的各种结构。并切忌拉锯式来回切材料，这样切下的切片厚薄不均匀，或为破损的切片（附图 2-1）。

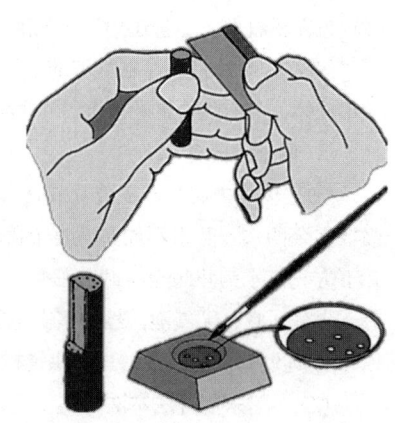

附图 2-1　徒手切片

刀片上切到若干切片时，应用蘸水的毛笔将其移入培养皿的水中。需反复切取一定数量的切片，供选择使用。若暂时不装片，可移入 70% 乙醇中保存。

3. 装片

在培养皿中挑选切得平而薄的切片，参照临时装片的步骤，制成临时切片标本，供显微镜镜检之用。

4. 柔软的材料及叶片的切片方法

柔软的材料难于夹持进行切片，可将材料夹入较硬而易切的材料当中，如胡萝卜、萝卜、马铃薯、泡沫硬塑料等，切片时把柔软的待切材料和较硬的夹持材料一起切下。

如果要切取叶片横切片时，可把叶片沿主脉方向卷成紧实的圆筒形状，或把叶片折叠成数层，以便于夹持切片。

植物细胞与组织的绘图方法

生物绘图是专业绘图中的一种。专业绘图具有较强的科学性、专业性、技术性和实用性，与其他艺术绘画相比，不论是在创作、构图，还是在表现手法上都有着很大的区别。生物绘图能够加深人们对生物界自然信息的认识、理解和记忆，提高对生物科学知识的利用效率。生物绘图是可以在生物物种鉴定、著书立说和课堂教学中弥补文字和语言表达不足的一种艺术直观方式。

植物绘图又是生物绘图中一种具有高度科学性的特殊绘画艺术，是科学与艺术完美结合的产物。它以"植物学""植物分类学""植物生态学"为理论基础，以精确的比例、完整的野外资料及生态环境、自然景观等内容和内部细胞组织结构特点为绘图依据，用艺术的表现手法，从不同的侧面科学而形象地再现植物的自然形态和一些内在显微结构的特征。其目的在于通过图形的表现形式来描写植物，以此来直观地补充说明文字描述上的不足。

植物绘图应顺应植物学研究的要求而尽可能全面细致地描绘出每种植物的基本特征——外部形态特征及内部结构特点。由于植物绘图的特殊性，受其专业的约束，必须依照植物体如实地进行描述，即不能有任何的虚构和夸张，同时更不可能像一般绘画那样随心所欲。

本附录只描述植物绘图的一部分——植物细胞与组织的绘图方法与技巧，植物形态图等不在此介绍之内；感兴趣的同学可以学习、鉴赏生物绘图的其他类型（动物绘图、植物形态图、植物生态景观图等）。

一、植物细胞与组织绘图的基本要求

1. 科学性和准确性

绘制植物细胞结构图不同于一般的美术创作，它必须具有高度的科学性和准确性。这就要求我们必须认真观察实验课上提供的实验材料——永久切片、临时装片等，对照理论课中有关的文字描述，仔细观察、认真理解各部分的细胞结构特点，然后选出显微视野下适合表达的部分，在绘图时保证细胞形态结构表现准确。

2. 点、线清晰流畅

植物细胞结构图一般笔触用点、线表达（点点衬阴法）。点要圆而整齐，大小均匀，根据需要灵活掌握疏密变化，不能用涂抹阴影的方法代替圆点。圆点衬阴，表示明暗和颜色的深浅，给予立体感（越暗的地方，细点越多）。点的大小、轻重按绘图比例的大小确定。图大，确定下笔的点就应放大；相反，图小，点就小。线条要一笔画出，粗细均匀，光滑清晰，接头处无分叉和重线条痕迹，切忌重复描绘（附图 3-1）。

3. 比例正确

绘图要按植物各器官、组织及细胞各部分构造的原有比例绘出，在绘制放大的解剖图或形态图时，最好要注明放大的倍数，或在图版上用单位短线表示出长度；倍数一般以长度的比例为准。

附图 3-1　植物细胞与组织绘图中点、线的大小、疏密

4. 突出主要特征

植物细胞结构绘图中，允许重点描绘植物细胞的主要形态特征，而其他部分可仅绘出轮廓，以表示其完整性。

5. 标注准确

标注按要求用正楷书写，应尽量详细；要求用水平的直线引出，书写在图的右侧（最好用直尺画出引线，再多的图注也不可有交叉引线出现），必须整齐一致。作为实验报告，图及图注要求一致；均用铅笔，通常用 2H 或 3H 铅笔，不能用钢笔、有色水笔或圆珠笔。实验题目写在绘图报告纸的上方，图题和所用植物材料的名称、部位写在图的下方。

6. 缓图图纸保持整洁

绘图完成后，图纸及版面要美观、整洁、清晰。

二、植物细胞与组织绘图的一般步骤

绘制植物细胞与组织结构图，在工作室可运用描绘的仪器、用具，以达到描绘精确的目的（带镜棱镜折光绘图仪、棱镜折光绘图仪、系统绘图软件）。但对普通的学生或研究人员，只需要掌握最简单的绘图技能即可，即用铅笔直接绘图。此方法简洁、方便、实用。

绘制植物细胞与组织结构图一般应遵循以下步骤：

1. 仪器、工具、用品的准备

首先准备好显微镜，实验用品一套，实验材料，实验报告纸（或大小适中的绘图纸），削好的铅笔（2H、3H、HB）一支。

按实验报告要求，顺序填写姓名、班级、实验时间及本次实验题目等内容。

2. 构图（排版）

依据实验内容的多少，在同一张报告纸上设计、安排好各自位置，布局要合理、美观。一般来说，绘单项作业图时，定图在图纸中间偏左侧一些，在偏右侧书写图注。实验内容为多项时，尽可能地做到在绘图纸上安排恰当、合理。所绘图偏大、偏小，或偏左、偏右均不可，尽量避免因画面设计不合理而造成排列的混乱。

3. 先绘草图再绘成图

在绘图纸上确定好位置之后，用尖细的铅笔（HB）轻轻地在图纸上勾画出图形轮廓的草图，以便于修改。勾画时，要注意对照观察所画植物细胞轮廓、大小是否与实物相符合。正式绘制时要用 2H 或 3H 的绘图硬铅笔，按顺手的方向动笔，一气呵成，描出与物体相吻合的线条。线条从始至终都要保持均匀一致、圆润顺畅，最好一次成图，不绘重线，以免模糊（附图 3-2）。

用铅笔点出圆点，用以表示明暗和深浅，在视觉上产生立体的效果，用以表达出生活细胞的显微特征。在细胞质多、染色比较深的地方点要密，反之则要疏，但要求点要均匀。点点要从明处点起，一行行交互着点，物体上的斑纹描出再点点衬阴，不能用涂抹阴影的方法代替点点。

点点的手法要求：铅笔笔尖垂直纸面，轻点下去，向内或向外旋转半圈后，再提笔；接着按同样的动作点下一个点。只有这样点点，才合乎要求。一笔落下，很难更改。点出的点不能出现椭圆点，带鱼尾点或蝌蚪点。

在一张图上，点与线的比例一定要保持一致：构图大，线条就得画得粗一点，相应的点也要点得大一些，要与线条相匹配；反之，构图小，所要求线条、点要细、小，比例对称。

不论点或线，都要力求稳、准，一笔成形；点、线在植物组织绘图中的旨意表达，犹如理论教材中的文字与标点组成。不能乱点、乱画，产生不必要的视觉疑问。

4. 概绘全图、细绘局部

对于显微镜下观察的实验材料，不必完整地绘制出来，如植物的根、茎、叶等。可依据轮廓图，再进行局部的详细描绘（全部的 1/8、1/4 或 1/2 等）。

5. 图注的标写

植物结构图完成后，还有一重要环节要认真完成——填写图注。再次认真观察显微镜下的细胞组织结构，了解、读懂实验内容；之后，在完成的植

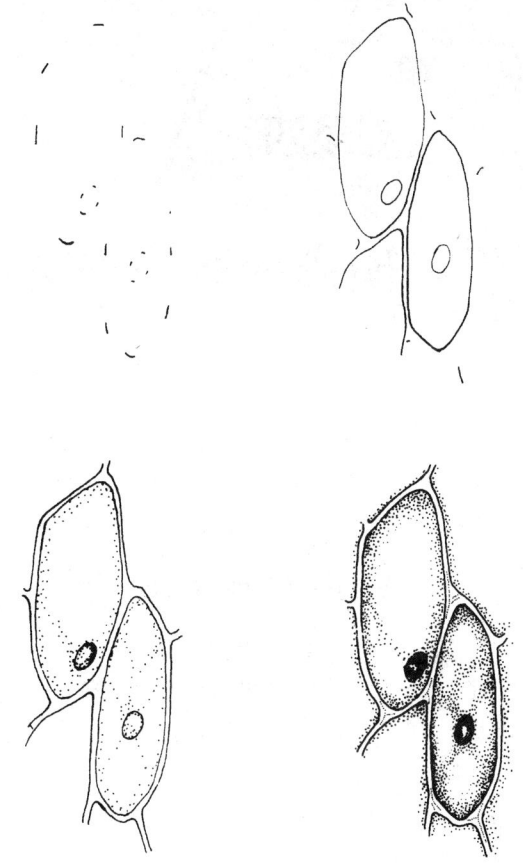

附图 3-2　植物细胞与组织结构绘图的一般步骤

物结构图上从上往下、由外向内，利用直尺向右画出平行直线，在直线顶端用正楷体书写图注，标明放大倍数，或画出比例尺。最后完成的作业是图、图注和比例尺组成了一个完美的整体。

在所绘细胞结构图的下方，同样用正楷标写出所用材料的名称和部位。

6. 定稿

完成的绘图在提交前，再次审核图版，把多余的笔触、不整洁的地方清理干净。

附录四

植物标本的采集、压制和制作

植物标本的采集、压制和制作是学习植物分类学不可缺少的重要组成部分，是复习、巩固和验证理论知识、联系实际的重要环节。植物标本（腊叶标本）是进行教学和科研工作的重要材料，没有标本，也就没有植物分类学。因此，掌握植物标本的采集、制作和保存的一整套方法，对学习植物分类学至关重要。

一、植物标本的采集

只有采集到标本，才能进行分析、比较和鉴定，才能对不同区域或不同历史年代的植物进行系统的研究。同样，无论是哪个科研领域的研究，只要与植物有关的方向，都离不开植物分类学的知识，而标本是其中基本的也是最有利的证据。

（一）植物标本采集的常用工具

1. 野外采集记录表：用以记录植物的形态、生境特点及相关信息等。

采集号		采集日期	年	月	日
产地					
环境		海拔			
土壤					
小环境					
形状					
高度		胸径			
形态	根系				
	树皮				
	叶				
	花序				
	花				
	果实				
俗名		科名			
学名					
经济价值					
附记					
采集人		标本份数			

2. 标号牌：用于对采集的标本进行编号（称为采集号）。

采集号
地　点
海　拔
采集人
年　月　日

3. 普通枝剪、高枝剪。

4. 小铲子：挖掘草本植物，尤其是有鳞茎、块茎的种类。

5. 标本夹：压制标本，常用木条做成，并配有捆绑用的麻绳。

6. 吸水纸：标本压制时吸取植物体的水分，为吸水性较好的草纸。

7. GPS 仪：用以测量植物生长的海拔高度及经纬度，可手机版的"奥维互动地图"等。

8. 钢卷尺：测量植株高度和各部分大小。

9. 采集袋：可用普通的编织袋，用于野外临时存放尚未压制的标本。

10. 种子袋：用于收集植物的果实和种子。

11. 铁盘、报纸：用于采集沉水植物。

12. 数码相机和望远镜。

13. 方位盘：观测方向和坡向（同第"7"条）。

14. 其他：密封袋、广口瓶、乙醇、福尔马林、地图等。

（二）植物标本的采集

蕨类植物、裸子植物和被子植物的采集方法基本一样，下面主要以被子植物为例进行详细说明。

1. 标本采集尽量完整，包括花、果、枝、叶（有成熟叶和幼叶），其中花、果不能兼具时，要有其一，如有必要时则进行分期采集。

2. 标本大小要求：30 cm×40 cm。如果采集标本稍大的枝条或草本，压制时可根据植株大小进行"V"形或"N"形折叠。植株粗大者可剪取几段有代表性的进行压制。大型叶片的植株，可把同一枝条上的一侧叶片剪掉 1/2 或 2/3，另一侧的叶片要保留完整。

3. 木本植物通常只采集枝条的一段，同一株植物体上若采集多份标本，均编相同的采集号。草本植物要连根拔起。

4. 雌雄异株植物，要尽可能采集到雌株和雄株；对于单性花雌雄同株的植物，要采集到雌花枝和雄花枝。

5. 寄生植物，要连同寄主一同采集。

6. 有些科的植物采集时要特别注意：

（1）百合科、石蒜科、兰科、禾本科等科植物地下部分要采集到，可用铁铲挖取。

（2）十字花科、杨柳科、桑科、菊科、伞形科等科植物，不同部位的叶子经常有所变化，所以要采集不同部位的叶子。

（3）十字花科、伞形科、紫草科等科植物要尽量收集到果实。

7. 沉水植物或柔软的漂浮植物，采集后应放在盛水的铁盘中的报纸上，将枝条和叶片展开后，轻轻将报纸托起，晾干后再用吸水纸压制。

8. 果实较大难以压制的，可把果实从中间切开后再进行压制，或者将果实放于开水中片刻使之失水后再压制。

9. 每种植物通常采集 1～3 份；对于有特殊用途、分布数量又较多的种类，可根据需要采集数份；对于珍稀种类则采集的数量尽量少，或者不采，仅拍摄照片。

10. 及时编号、登记与挂牌。野外采集到标本后要及时编写采集号并系于标本上，同时填写采集记录表。注意：

（1）同一株植物上采集的标本，编同一号数，每个标本挂一个标号牌。

（2）同一采集人或采集队，其标本编号是连续的。

（3）在每张采集记录表上详细写出采集地点，避免写"同上"字样。

（4）雌雄异株的植物，分别编号，但要记明两号的关系。

（5）仔细填写记录表中的内容，尤其要注明花、果和叶的颜色，并写明果实的形状，因为压制后颜色和果实的形状容易变化。

二、植物标本的压制

标本压制的目的是及时干燥，便于保存和研究。标本压制得越好，越能保存原有的形态和特征，也就越有利于保存和研究。

（一）及时压制

如果在条件允许的情况下，最好边采集边压制，这样可以最好地保持标本的自然形态。如果时间、人力等条件不允许，可以先编号、挂牌、登记后放于采集袋中，下午回到住处后及时压制。

（二）及时更换吸水纸

压制过程中，非常重要的一步就是吸水纸的更换，如果更换不及时就会造成标本的霉烂。一般情况下，标本压制后的前 3～5 天每天早、晚各换纸一次，接下来的 3～5 天每天更换一次，直至完全干燥为止。具体时间要根据标本含水量的多少做具体调整。

（三）修剪

标本压制时，要进行适当修剪，剪除残缺叶片，并将有些叶片腹面朝上，有些叶片背面朝上。因为干燥后要上台纸进行装订，这样处理后利于鉴定和研究。条件允许时，可在压制的标本之间用瓦楞纸或带凹槽的铝板隔开，每 2～3 份标本之间夹一张，后放到烘箱中用不超过 60℃ 的恒温烘干。注意瓦楞纸或铝板不要与标本直接接触。

三、腊叶标本的制作

将充分干燥的植物标本固定台纸上，经消毒后放于标本馆或标本室内永久保存，这种标本称为腊叶标本。

（一）台纸的规格与性质

通常标准的台纸规格为 30 cm×40 cm，或稍大。台纸纸质要硬、较厚，上面有一层薄而韧的盖纸，可用质地坚硬的道林纸或涂布白板纸进行裁剪。

（二）装订

首先，将标本按自然状态放在台纸上，直放或从左下方向右上方斜放，使左上角和右下角留出贴标签的位置。如果标本过大，可按照前面说的方法进行修剪和折叠，使其不露出台纸外。

其次，用毛刷将乳胶均匀涂抹在标本的背面，并把标本固定在台纸上，然后在枝条、侧枝、主脉、果柄等重要部位用牛皮纸条或棉线进行装订固定，装订的部位视情况而定，以保证标本所有部位牢固固定于台纸上为准。对于脱落的花朵、果实或种子，要用纸袋收集后，用乳胶固定于台纸正上方或其他除了左上角和右下角之外的空余位置。

再次，将采集记录表的上边缘涂抹胶水，固定于台纸的左上角；如果已对标本进行了鉴定，则将包含了标本植物的科名、种名、鉴定人和鉴定时间的鉴定标签贴于台纸的右下角。注意，采集记录表的两个外侧边缘与台纸的边缘要对齐。

最后，标本消毒。可以将标本放于冰柜中进行低温消毒，也可以用熏蒸的方法进行消毒。熏蒸法通常用溴甲烷或氯化钴在密封容器或房间内进行，时间为 23~35 h。熏蒸法要特别注意安全，以防中毒。

四、标本的保存

消毒后的标本要存放于标本室或标本馆的标本库内永久保存。标本入库前要进行贴标本号，将相关信息录入电脑数据库，并加盖标本室或标本馆的印章，及采集地所在省份的省名或直辖市名。将标本分科、分属后装入标本库的柜中，并按照一定的顺序和规律放置，如按照经济用途或自然系统、地区、地带等。一般标本的排列顺序应按照自然系统，如华南地区和西南地区的标本馆内的被子植物标本一般按照哈钦松系统排列，国家植物标本馆内的被子植物标本按照恩格勒系统排列。

标本室或标本馆的建设，是重要的基础设施，是科技档案，要按照相关的标准和要求进行建设和管理。

附录五

种子植物的鉴定与植物检索表的使用

　　植物鉴定是植物科学研究中的一项基础性工作，是建立在细致的形态学观测基础上，借助植物检索表、植物志、植物图鉴、科属专著等专门的植物分类学工具书或文献资料来鉴别和确定植物身份的过程。对某一植物进行鉴定时，必须准确掌握其形态特征，然后依照相关植物检索表逐条进行性状特征比对，直至检索出具体的种类。然后参照对应种类的形态特征描述及图谱说明进行确认，有必要的话，还可借阅已经正确鉴定的馆藏植物腊叶标本进行实物比对，以增强鉴定的准确性。鉴定种子植物的基本过程如下：

一、采集性状齐全的植物标本

　　基于少数性状对于陌生的植物种类进行鉴定是很有难度的，为此应尽力采集到性状齐全的植物标本。这里特别做出说明，花、果的特征对分科具有极为重要的作用，而分科检索是分属检索和分种检索的基础。幼叶和老叶、嫩枝和老枝之间通常存在明显的差异，而有些植物的根存在特化现象，这些性状对明确具体植物种类具有良好的参考价值。因此，采集到既有花、果等繁殖器官，又有根、茎、叶等营养器官的标本，是确保鉴定工作顺利开展的物质基础。

二、仔细观测植物标本并记录各项性状特征

　　进行植物检索之前，首先对标本做细致的形态学观测是非常必要的。对于微小的结构，应在解剖镜下观察。对花器官进行解剖，可以获取花冠类型及离合情况、雌雄蕊类型及数目、子房位置、胎座式等诸多重要的分科检索依据。观测的同时，应使用植物学术语对相应结构性状做出准确描述和记录。一般的形态术语在植物分类学书籍上都有解释，科、属特征可参考有关植物志。需要注意的是，植物器官的形态客观上存在变异范围，而在新鲜和干燥两种不同状态下，植物标本的某些性状如花色、叶色等会有差异，因此在具体应用时应参照野外采集记录做合理评判。

　　现列举植物形态观测提纲如下：

　　1. 根部形态：根系类型、有无变态等。

　　2. 茎部形态：习性、形状、颜色、皮刺、毛被、分泌物、具髓或中空、分枝方式、有无变态等。

　　3. 叶部形态：组成结构、类型、形状（包括叶尖、叶基、叶缘）、质地、叶序、叶脉、毛被、分泌物、气味等。

　　4. 花部形态：花瓣离合情况、萼瓣分化情况、花冠类型、雄蕊数目及类型、雌蕊数目及类型、子房位置、子房室数、胚珠数目、胎座类型、毛被、颜色、苞片有无及形状、花序类型等。

　　5. 果实种子形态：果实类型、形状、大小、色泽、毛被、附属物等；种子形状、大小、颜色等。

三、植物标本的检索与鉴定

经过翔实细致的标本观测和形态特征的整理罗列，即可利用相关植物检索表进行鉴定。

植物检索表是按照特定格式编制而成，用于植物鉴别的专业书籍或资料。常见格式有三种，即定距式检索表、平行式检索表和连续平行式检索表。

（一）定距式检索表

定距式检索表的特点是每一特征对标以相同编号，彼此两个特征集的书写位置的左边距相等；次级特征对较上级特征对书写位置等距向右缩进，如此延续，每行字数逐步减少，直至出现类群名称（如科、属、种）。示例如下：

定距式分种检索表

1. 子叶 2 枚；叶片常具网状脉；花基数 5 或 4
  2. 木本；花单生或排成聚伞花序
    3. 落叶乔木；花排成聚伞花序 ……………………… 椴树 *Tilia tuan* Szyszyl.
    3. 常绿灌木；花单生 ………………… 茶 *Camellia sinensis*（L.）Kuntze
  2. 草本；花排成头状花序 ………………… 向日葵 *Helianthus annuus* L.
1. 子叶 1 枚；叶片常具平行脉；花基数 3
  4. 具鳞茎；叶披针形；花大，花被具存 ……… 百合 *Lilium brownii* var. *viridulum* Baker
  4. 无鳞茎；叶条形；花小，花被退化 ……………………… 稻 *Oryza sativa* L.

（二）平行式检索表

平行式检索表的特点是每一特征对标以相同编号，彼此两个特征集并列紧接，若对应特征集之后不出现分类群名称则标以次级特征对编号；各级特征对的书写位置均左边顶格。示例如下：

平行式分种检索表

1. 子叶 2 枚；叶片常具网状脉；花基数 5 或 4 …………………………………… 2
1. 子叶 1 枚；叶片常具平行脉；花基数 3 …………………………………………… 4
2. 草本；花排成头状花序 ……………………………… 向日葵 *Helianthus annuus* L.
2. 木本；花单生或排成聚伞花序 …………………………………………………… 3
3. 落叶乔木；花排成聚伞花序 …………………………… 椴树 *Tilia tuan* Szyszyl.
3. 常绿灌木；花单生 ………………………… 茶 *Camellia sinensis*（L.）Kuntze
4. 具鳞茎；叶披针形；花大，花被具存 ………… 百合 *Lilium brownii* var. *viridulum* Baker
4. 无鳞茎；叶条形；花小，花被退化 …………………………… 稻 *Oryza sativa* L.

（三）连续平行式检索表

连续平行式检索表的特点是每一特征对前标以两个不同的编号，后者加括弧，表示它们是某特征对的两个特征集，特征对顺序排列，书写位置均左边顶格。示例如下：

连续平行式分种检索表

1（6）子叶 2 枚；叶片常具网状脉；花基数 5 或 4

2（5）木本；花单生或排成聚伞花序

3（4）落叶乔木；花排成聚伞花序 ·································· 椴树 *Tilia tuan* Szyszyl.

4（3）常绿灌木；花单生 ··························· 茶 *Camellia sinensis*（L.）Kuntze

5（2）草本；花排成头状花序 ····························· 向日葵 *Helianthus annuus* L.

6（1）子叶 1 枚；叶片常具平行脉；花基数 3

7（8）具鳞茎；叶披针形；花大，花被具存 ········· 百合 *Lilium brownii* var. *viridulum* Baker

8（7）无鳞茎；叶条形；花小，花被退化 ····························· 稻 *Oryza sativa* L.

现行植物检索表或单独成书出版，或附录于各植物志、科属专著中，常用的植物分科检索表有《世界有花植物分科检索表》《中国高等植物科属检索表》等。在使用检索表时，应按顺序将植物标本的特征与植物检索表各特征对中的特征集进行严格比对，直至检索出相应的类群名称。在检索过程中，通常需要多表协同使用，而对某些性状特征把握不准的，可通过两个途径加以解决：① 查阅植物学形态术语名词解释及其图文资料；②选取该特征集下对应的一两种植物进行实物解剖，对照观察，理解相关特征描述。如果检索无结果，应设法寻求更全面的植物检索表，如果多方检索均无结果，可考虑是否为新种，并做更细致的研究。

附录六

浸制标本的制作与保存

　　植物的花、果或地下部分（如鳞茎、球茎等），因为教学、科研、陈列的需要，可以把它们浸泡在药液中保存，这种标本称为浸制标本。浸制标本有较强的立体感，也可以展示某种植物的个体发育，或观察某些器官，如果实内部结构的解剖标本。花的浸制标本利于进行进一步的解剖鉴定。对于难以压制的果实如浆果类，往往制作成浸制标本保存。

一、实验仪器、用具与药品

（一）仪器和用具

　　广口瓶、标本瓶、玻片、玻璃棒、木板（切割标本用）、剪刀、白棉线、毛刷、小瓷杯（装石蜡用）、毛笔、电炉、酒精灯、烧杯、三脚架、毛巾、标签纸、胶水等。

（二）药品

　　硫酸铜、福尔马林（甲醛）、硼酸、氯化锌、无水乙酸、亚硫酸、乙醇、硫酸锌、甘油、石蜡（或蜂蜡）、松香、氯化铜、乙酸铜、氯化钠、清水等。

二、材料与浸制方法

（一）保存液的配制与标本浸制

　　1. 一般植物标本的浸制

　　（1）保存液的配制：福尔马林（甲醛）5～10 mL、清水95～90 mL。以市售甲醛的体积百分数为100%计，根据需要的用量按比例将两者混合后备用。

　　（2）标本的处理与保存：将标本洗净整形后，放于装有保存液的标本瓶中。该方法虽经济简便，但仅起到对标本的防腐保存作用，不能保存标本原色。

　　2. 小型绿色标本的浸制

　　（1）处理液的配制：首先为原液的配制。配方为硫酸铜饱和无水乙酸溶液。在烧杯中加入适量的500 g/L无水乙酸，置于酒精灯上加热后，将硫酸铜粉末慢慢加入烧杯的无水乙酸中并用玻璃棒持续搅拌，直至饱和状态，即为原液。其次为稀释液的配制。配方为原液1份，清水4份。将两者按照比例混合后待用。

　　（2）标本的处理：首先将标本用清水洗净。然后将处理液的稀释液用酒精灯加热至接近沸腾（约85℃）时投入已洗净的标本，待标本由绿色变为褐色，又恢复为绿色时即停止加热。最后，取出标本用清水洗去处理液。

　　（3）标本的保存：将经过处理并洗净的标本置于标本瓶中，加入5%福尔马林水溶液保存即可。

3. 大型绿色标本的浸制

（1）处理液的配制：常用的配方有三种，把各种配方按比例配成混合液即可。

配方一：硫酸铜饱和水溶液 75 mL、福尔马林 50 mL、清水 250 mL。

配方二：50% 乙醇（体积百分数，下同）90 mL、福尔马林 5 mL、甘油 2.5 mL、无水乙酸 2.5 mL、氯化铜 10 g。

配方三：硫酸铜 5 g、清水 95 mL。

（2）标本的处理：将标本用清水洗净，用上述任一配方处理液浸渍标本 2~10 天，从浸渍液中将标本取出后用清水洗净。较嫩的标本浸渍时间宜短些，较老的标本浸渍时间宜长些。

（3）标本的保存：将清洗好的标本置于标本瓶中，加入 5% 福尔马林水溶液保存。

4. 红色果实标本的浸制

浸制材料多为颜色鲜艳的红色多肉果实，如苹果、辣椒、桃子、番茄等成熟果实。

（1）处理液的配制：常用配方也有三种。

配方一：硼酸 225 g、清水 1 000 mL、75% 乙醇 1 000 mL、福尔马林 300 mL。首先将硼酸放入清水中充分溶解，静置沉淀后取其上清液与乙醇及福尔马林混合，若混合液呈现浑浊，过滤后待用。

配方二：硼酸 450 g、清水 2 000 mL、75%~90% 乙醇 2 000 mL。将硼酸放入清水中充分溶解后，加入乙醇混合，静置沉淀后过滤待用。

配方三：氯化锌 50 g、清水 1 000 mL、福尔马林 25 mL、甘油 25 mL。将氯化锌溶于清水中，加入福尔马林、甘油充分混合后过滤待用。

（2）标本的处理与保存：将果实标本洗净，置于标本瓶中，加入上述任一种处理液的过滤液保存即可。

5. 紫色果实的浸制

紫色果实如葡萄、杨梅、茄子、山竹等成熟果实。

（1）处理液的配制：常用配方有两种。

配方一：氯化锌 50 g、清水 1 000 mL、甘油 100 mL、福尔马林 30 mL。将氯化锌加入清水中加热溶解（呈乳白色），趁热过滤，加入福尔马林和甘油混合后待用。

配方二：饱和氯化钠溶液（过滤）100 mL、福尔马林 50 mL、清水 870 mL。把 3 种成分充分混合后待用。

（2）标本的处理：将果实标本用清水洗净后，置于标本瓶中，加入上述任一种处理液保存即可。若果实为紫色间有绿色，可先在硫酸铜溶液中定色，再放置于标本瓶中，加入配方一，保存即可。

6. 黄色果实浸制

（1）处理液的配制：常用配方有三种。

配方一：亚硫酸 100 mL、75% 乙醇 100 mL、清水 100 mL。将三者充分混合后待用。适用材料如梨子、橙子、柑橘、柚子、杏子等。

配方二：氯化锌 50 g、亚硫酸 40 mL、甘油 80 mL、乙酸铜 1~5 g、清水 1 000 mL。将三者充分混合后待用。适用于香蕉等。

配方三：氯化锌 50 g、福尔马林 30 mL、甘油 50 mL、乙酸铜 1 g。将三者充分混合后待用。适用于番木瓜、可可等。

（2）标本的处理与保存：将果实标本洗净后置于标本瓶中，加入上述任一配方处理液保存即可。

7. 绿色果实的浸制

对于绿色葡萄、李子、番石榴、青苹果等，可用如下配方。

（1）保存液的配制：亚硫酸 40 mL、甘油 80～100 mL、乙酸铜 2～5 g，将三者充分混合后待用。

（2）标本的处理：将果实标本用清水洗净后置于标本瓶中，加入处理液保存即可。

8. 白色花朵的浸制

（1）保存液的配制：氯化锌 100 g、85% 乙醇 300 mL、清水 3 000 mL，将氯化锌溶于水中，再加入乙醇充分混合后待用。

（2）标本的处理：将采集的新鲜花朵置于标本瓶中，加入处理液保存即可。若需要保存花萼、花柄的绿色，可先在硫酸铜溶液中浸渍 1～3 h，取出后用清水洗净，再置于标本瓶中加入处理液保存。注意，白色花瓣尽量悬浮于液面上不要浸渍。

（二）保存液的用量及标本的密封保存

保存液的用量以相当于标本体积的 10 倍为宜，浸制标本通常用适当大小的标本瓶或标本缸。无论哪一种方法，药液都不宜装得太满。将标本放入后加盖密封，防止药液蒸发，可用凡士林、桃胶或聚氯乙烯等黏合剂封口。

不易下沉的标本，可在标本上用白棉线捆扎一些玻片或其他重物加压后使其下沉。

需要长期保存的标本，应在标本瓶口涂蜡密封。将石蜡或蜂蜡放入瓷杯中加热熔化后，用毛笔蘸取熔蜡涂在瓶口边缘，把瓶塞稍微加热后蘸取一些熔蜡，尽快塞紧瓶口，外面再涂上熔蜡。也可用 1 份石蜡（蜂蜡）和 1 份松香混合后加热熔化使用。

最后在标本瓶上贴上标签，注明标本名称及浸制日期。

附录七

植物制片法

植物制片法是植物显微技术课程的一个重要组成部分。它是从事植物生物技术、植物细胞学、结构植物学、植物生殖生物学、植物发育生物学等研究的必要技术基础。一般植物体的内部结构在自然状态下是无法观察的，因为植物体各部分较大且不透明，影响光线穿透，细胞彼此重叠，成像模糊不清。因此要研究植物体的内部结构，一定要经过特殊的处理，使材料减少厚度及体积，使光线透过样品才能进行显微观察。为了适应上述要求，就需要采取不同的制片方法。制作好的切片要求小而薄、完整、透明、保持原结构，又具有颜色容易辨认。本实验的目的是了解和掌握普通石蜡切片法和滑走切片法的一般原理和方法，并通过实践制作相应的切片标本，为学习其他实验技术打下基础。

一、石蜡切片法

石蜡切片法是组织学常规制片技术中最为广泛应用的方法。石蜡切片不仅用于观察正常细胞组织的形态结构，也是病理学和法医学等学科用以研究、观察及判断细胞组织的形态变化的主要方法，而且也已相当广泛地用于其他许多学科领域的研究中。本法的优点是可以切出较薄且连续的切片，而且以石蜡包埋的组织块还能长期保存，但制作过程复杂。现详述如下：

1. 取材

应根据研究的目的选取新鲜的具有代表性的材料。如根、茎、叶等，用清水洗净。材料必须新鲜，搁置时间过久其蛋白质分解变性，会导致细胞自溶及细菌的滋生，而不能反映组织活体时的形态结构。

2. 杀死和固定

杀死是指迅速永久地结束生物的生命，迅速杀死细胞，使组织内每个细胞同时停止生命活动。而固定是保存材料的组成成分，以及保持组织细胞原来的形态和结构特点，使其接近生活时的状态。植物材料通常采用化学试剂来杀死和固定植物的组织和细胞。这些化学试剂称为固定剂。固定剂能使组织硬化，有利于切片的进行，而且也有媒浸作用，有利于组织着色。固定剂的种类很多，其对组织的硬化收缩程度以及组织内蛋白质、脂肪、糖类等物质的作用各不相同。

选定材料以后，用清水清洗干净，然后用锋利的刀片按需要切成小段。分割时速度要快，勿用过大的压力，以免压坏组织。为了使固定液迅速渗入材料，切取的材料块不宜过大，一般为 $0.5 \sim 1 \ cm^3$。

固定液的用量通常为材料块的 20 倍左右，迅速抽气。因为植物材料组织中常含有空气，使得固定液不易进入，所以在固定时应对材料进行抽真空，使空气抽出，固定液进入，更好地固定材料。

3. 冲洗

材料固定后，若不进行冲洗会使固定液留在组织中，甚至产生沉淀。洗涤时所选择的洗涤剂应按照一定的原则进行选择。若用水溶液固定的材料必须用水冲洗。若用乙醇溶液配制的固定剂，则必须用相同浓度的乙醇冲洗。

4. 脱水

脱水是指逐渐地除去材料中水分的过程。植物材料本身含有水分，固定后或洗涤后的组织内充满水分。如不除去水分就无法进行以后的透明、浸蜡与包埋，因为透明剂多数是苯类，苯类和石蜡均不能与水相融合，水分不脱尽，苯类不能浸入。乙醇为常用脱水剂，它既能与水相混合，又能与透明剂相混，为了减少组织材料的急剧收缩，应使用从低浓度到高浓度递增的顺序进行，通常从 30% 或 50% 乙醇开始，经 70%、85%、95% 直至无水乙醇，每次时间为一至数小时。如不能及时进行各级脱水，材料可以放在 70% 乙醇中保存。因高浓度乙醇易使组织收缩硬化，不宜处理过久，相应缩短时间。为保证脱水干净，应更换 100% 乙醇两次。此外，正丁醇、叔丁醇、丙酮等也可用作脱水剂。

5. 透明

脱水后的材料要进行透明。其目的是增强组织的折光系数使其透明便于观察，其次是起置换作用，使包埋和封藏得以顺利进行。常用的透明剂有二甲苯、TO 透明剂、甲苯、苯、氯仿、香柏油和松节油等。

二甲苯是最常用的透明剂，其透明力强，最能溶解包埋用石蜡，且可与封藏剂混合。但其缺点是易使材料收缩而变硬、变脆，同时如果脱水不干净会引起不良后果。

用二甲苯透明的步骤如下：经脱水材料→ 1/2 无水乙醇 +1/2 二甲苯→纯二甲苯 I →纯二甲苯 II，每级溶液中停留 1～3 h。透明剂的浸渍时间则要根据组织材料块大小及幼嫩程度而定。如果透明时间过短，则透明不彻底，石蜡难以浸入组织；透明时间过长，则组织硬化变脆，就不易切出完整切片。二甲苯更常用于切片封藏以前的透明，切片在其中透明时间每级为 5～10 min。

6. 浸蜡与包埋

浸蜡是使石蜡逐渐进入已透明的材料组织细胞内置换透明剂的过程。所用石蜡要均匀无杂质，熔点为 56～60℃。凡高温季节，要用熔点较高的石蜡；低温季节，则用熔点低的石蜡。浸蜡时先准备石蜡，取熔点低的石蜡用解剖刀切成小块，把蜡块放入盛有二甲苯的小酒杯内，石蜡的量应和二甲苯量相等。放蜡块时应在材料和蜡之间隔一张滤纸，以免蜡和材料直接马上接触，引起材料收缩。然后把盛有材料的器皿放在 40℃温箱中，过夜渗透，再放入 58℃温箱中 1～3 h，在此过程中二甲苯逐渐蒸发，石蜡浓度逐渐加大。然后倒去此种石蜡，换为溶化的纯石蜡，经 2～4 h 后倒去石蜡，再换新的纯石蜡，再经 2～4 h 即可包埋。

7. 包埋

包埋是用包埋剂包裹经石蜡渗透的材料以便于切片的过程。先折好适宜大小的适于盛蜡的纸盒，然后将已熔化的石蜡倒入纸盒中，用烧烫的镊子将蜡中的气泡赶跑，并将蜡烫均匀。接着用温热的镊子迅速地将材料移至石蜡中，同时应按所需切面排列整齐，材料之间应留以适当距离。材料放好后，即轻轻吹气使石蜡表面凝结，然后把纸盒平放入冷水中，使石蜡迅速凝固；否则会使石蜡产生结晶不能切片。如果包埋的组织块数量多，应进行编号（用铅笔标记），以免差错。经包埋的材料即可进行切片或长期保存备用。

8. 切片

先要修正蜡块，将做好的蜡块用单面刀片在每一个材料的四周切一个深沟，然后切断，使每个小蜡块只有一个材料。切勿一刀把蜡块切断，以免崩裂。然后将小蜡块用刀片修成规整的四棱台，上宽下窄。以少许热蜡液将其底部迅速贴附于小木块上，再用解剖刀取少量的熔蜡封于小蜡块基部周围，增加其支撑能力。将粘好蜡块的小木块夹在旋转式切片机的蜡块钳内，使蜡块切面与切片刀刀刃平行，旋紧。接着调整厚度调节器，设置到所需的位置。待这一切准备工作完成以后，就可开始切片。此时右手摇动切片机，蜡块碰到刀口以后，切片就从刀口落下。由于切片过程中摩擦生热，使切下的切片连成一条蜡带。切片刀的锐利与否、蜡块硬度适当都直接影响切片质量，可用热水或冷水等方法适当改变蜡块硬度。通常切片厚度为 4～10 μm，切出一片接一片的蜡带，用毛笔轻轻托放在纸上。

9. 粘片

粘片是将具材料的蜡带粘于清洁的载玻片上的过程。粘片时在干净的载玻片中央滴少许粘贴剂，用小拇指将其在载玻片上涂匀。用解剖刀把蜡带按需要大小切开，挑起放在载玻片上。放置时注意蜡带有光滑和粗糙两面，应把光滑一面与载玻片粘在一起，否则容易脱片。然后在蜡带侧面滴蒸馏水，在展片台上将其铺展。展片台的温度一般调到 45℃ 左右，载玻片上的蒸馏水受热膨胀，漂浮在水面的蜡带也会随着自动展开。多余的水分用滤纸吸除，然后置于无尘通风室内，或将载玻片放入 30～40℃ 温箱中干燥 1 天。

10. 脱蜡及复水

脱蜡是去除切片内石蜡的过程。将粘有切片且完全干燥的载玻片放入二甲苯（最好两次）中，在春秋暖和的天气 5～10 min，石蜡熔去，再用 1/2 二甲苯 +1/2 乙醇过渡，逐级经无水乙醇及梯度乙醇直至蒸馏水（或到 70% 乙醇为止，视染色剂用什么浓度的乙醇配制）。以上步骤均在染色缸中进行，每次 1～5 min。

11. 染色、脱水、透明及封片

染色的目的是使细胞组织内的不同细胞组织结构呈现不同的颜色以便于观察。未经染色的细胞组织其折光率相似，不易辨认。经染色可显示细胞内不同的细胞器及内含物和不同类型的细胞组织。染色剂种类繁多，应根据观察要求及研究内容采用不同的染色剂及染色方法，还要注意制片过程中选用适宜的固定剂才能取得满意的结果。

脱水是用从低浓度到高浓度递增的顺序进行，通常从 30% 或 50% 乙醇开始（复水至蒸馏水），经70%、85%、95% 直至无水乙醇，每次时间为 1～3 min。因高浓度乙醇易使组织收缩硬化，不宜处理过久，相应缩短时间。

脱水完的切片用 1/2 二甲苯 +1/2 乙醇过渡，放入纯二甲苯中透明 5 min（可两次）。经染色和透明的切片，应立即取出封藏，其目的是长期保存制成的切片。常用的封藏剂有加拿大树胶、中性树胶等。当切片从二甲苯中取出后，立即滴加适量的封藏剂到切片上并加盖玻片。加盖玻片时注意，将镊子镊着盖玻片右侧中部，然后让盖玻片中心先接触封藏剂，并缓慢地放下，待封藏剂自中心向四周慢慢布满整个盖玻片，不留气泡。封藏好的切片应放在 40～50℃ 的恒温箱中烤干或放在无尘通风处，使其自然干燥。

石蜡切片中最常见的染色方法是番红 – 固绿二重染色法，步骤如下：

选材取材──→固定──→冲洗──→脱水──→透明──→渗蜡──→包埋──→切片──→贴片──→烘干──→脱蜡──→染色──→脱水──→透明──→封片

具体步骤：

选取植物叶片（或其他）$\xrightarrow{}$ FAA 固定 $\xrightarrow{>24\,h}$ 70% 乙醇 $\xrightarrow{>24\,h}$ 85% 乙醇 $\xrightarrow[\text{每次3h}]{2\sim3次}$ 95% 乙醇 $\xrightarrow{2\sim4\,h}$ 无水乙醇 I $\xrightarrow{1\sim2\,h}$

无水乙醇 II $\xrightarrow{1\sim2\,h}$ 1/2 二甲苯 1/2 乙醇 $\xrightarrow{2\,h}$ 纯二甲苯 I $\xrightarrow{2\,h}$ 纯二甲苯 II $\xrightarrow{2\,h}$ 加碎蜡，至二甲苯与碎蜡比例 1:1 $\xrightarrow[38\sim40℃]{过夜}$ 1/2 二甲苯 1/2 石蜡 $\xrightarrow{50℃}$

1/4 二甲苯 3/4 石蜡 $\xrightarrow{58\sim60℃}$ 纯石蜡 I $\xrightarrow[58\sim60℃]{2\sim4\,h}$ 纯石蜡 II $\xrightarrow[58\sim60℃]{2\sim4\,h}$ 包埋 ──→ 旋转切片机切片（4～10 μm）$\xrightarrow{}$ 10 g/L 明胶粘片 ──→

展片 ──→ 38℃ 恒温台烘干 $\xrightarrow{1\,d}$ 二甲苯脱蜡 $\xrightarrow{约\,10\,min}$ 1/2 二甲苯 1/2 乙醇 $\xrightarrow{3\,min}$ 无水乙醇 $\xrightarrow{3\,min}$ 95% 乙醇 $\xrightarrow{3\,min}$ 85% 乙醇

$\xrightarrow{3\,min}$ 10 g/L 番红乙醇溶液 $\xrightarrow{>1\,h}$ 70% 乙醇 $\xrightarrow{冲洗}$ 85% 乙醇 $\xrightarrow{3\,min}$ 95% 乙醇 $\xrightarrow{3\,min}$ 5 g/L 固绿乙醇溶液 $\xrightarrow{0.5\sim2\,min}$

无水乙醇Ⅰ $\xrightarrow{冲洗}$ 无水乙醇Ⅱ $\xrightarrow{3\sim5\,min}$ $\begin{array}{c}1/2\ 乙醇\\1/2\ 二甲苯\end{array}$ $\xrightarrow{3\,min}$ 纯二甲苯Ⅰ $\xrightarrow{3\,min}$ 纯二甲苯Ⅱ $\xrightarrow{3\,min}$ 中性树胶封片

二、滑走切片机切片法

有些植物材料，如木材或木本植物的茎，硬度较大，或某些材料体积较大，不宜用石蜡法制片，而可用滑走切片机切片。此法不仅能使切片厚薄均匀，且能切取完整的切片，可克服徒手切片法的缺点。

取材时应注意，尽量保证材料粗细相近，直而不弯，长度不超过 5 cm，较长的材料应进行分割，材料软硬均匀。若是切较软的材料，可直接夹在切片机上，太软而不便在切片机上夹持的材料可用泡沫塑料或胡萝卜、马铃薯等夹好后再夹于切片机上；若是切较硬的材料，必须先进行软化处理，即将木材切成长约 1.5 cm、直径为 0.5~1 cm 的木块，放在盛水的烧杯中反复煮沸数次，浸入甘油乙醇溶液中 1~2 个星期进行软化（或使用其他软化方法），然后再切片。供切片的材料可先进行固定或切片后再固定。

操作步骤如下：

1. 切片

先将切片刀装在固定器上，调节好刀的位置，使刀口与材料间的夹角小于 45°，而且刀面与材料切面保持 3°~5° 的倾斜度。

按所需纵切面或横切面要求，将所选取材料牢固地装在夹物器上，调准材料的高度与切面，将厚度调节装置调至要求刻度处。切片时用右手操作，握紧刀夹，由前方向向身体方向水平地拉动切片刀，要注意用力均匀。切片前先用毛笔蘸水到材料表面和刀口处，刀口切过后，材料即浮在刀口处的水滴中。此时小心地用毛笔从刀口处取下切片，放入培养皿或表面皿的水中，然后将刀向前推回原位，调节厚度推进器以升高材料，再次拉动切片刀。如此来回拉动，便可获得许多厚度均匀而完整的切片。

2. 脱水、染色、透明和封片

以番红－固绿二重染色为例，程序如下：

制临时片镜检挑选切片→番红染液（0.5~1 h）→50% 乙醇（冲洗）→70% 乙醇（约 5 min）→85% 乙醇（约 5 min）→固绿染液（约 1 min）→无水乙醇（两次共约 5 min）→1/2 无水乙醇 + 1/2 二甲苯（约 5 min）→纯二甲苯（约 5 min）→中性树胶封片。

附录八

植物学常用试剂和染料的配制与使用

一、常用实验试剂配制

1. 试剂的规格（附表 8-1）

附表 8-1　试剂的规格

试剂规格	代号	级别	标签颜色
实验试剂	L.R	四级	黄
化学纯试剂	C.P	三级	蓝
分析纯试剂	A.R	二级	红
优级纯试剂	G.R	一级	绿

注：制片使用的药品以化学纯试剂适宜，必要时使用分析纯试剂，有的还需用优级纯试剂。

2. 各级乙醇（脱水剂）的配制

实验室一般处理材料用的梯度乙醇，通常使用 95% 的工业乙醇配制。配制方法很简便，用 95% 的乙醇加上一定量的蒸馏水即可。可按下列公式推算（附表 8-2）。另外，也可使用乙醇计配制。

附表 8-2　不同浓度乙醇的配制

需配制乙醇浓度 /%	原乙醇浓度 /%	原乙醇浓度 − 需配制浓度 = 应加蒸馏水量 /mL	应加乙醇及水量
30	95	95−30 = 65	30 mL 原乙醇 + 65 mL 水
50	95	95−50 = 45	50 mL 原乙醇 + 45 mL 水
75	95	95−75 = 20	75 mL 原乙醇 + 20 mL 水
85	95	95−85 = 10	85 mL 原乙醇 + 10 mL 水

3. 试剂配制

（1）碘 – 碘化钾（I_2-KI）（iodine potassium iodide）：能将淀粉染成蓝紫色，蛋白质染成黄色，也是植物组织化学测定的重要试剂。也可用于花粉粒活力检测。

碘化钾　　3 g
蒸馏水　　100 mL
碘　　　　1 g

先将碘化钾溶于蒸馏水中，待全溶解后再加碘，振荡溶解，配制成原液；将此原液保存在棕色试剂瓶内，避光存放。使用前根据实验要求，将原液进行稀释，达到所需浓度即可。

（2）苏丹Ⅲ（sudan Ⅲ）：能使木栓化、角质化的细胞壁及脂肪、挥发油、树脂等染成红色或橙红色。

苏丹Ⅲ或苏丹Ⅳ干粉	0.1 g
95% 乙醇	10 mL
过滤后再加入甘油	10 mL

（3）间苯三酚（phloroglucin）溶液：

间苯三酚	5 g
95% 乙醇	100 mL

注意：当此溶液呈黄褐色或灰色时即失效，需重新配置，方可使用；用于测定木质素。

（4）1 mol/L 盐酸（hydrochloric acid 溶液）：取 82.5 mL 密度 1.19 g/mL 的浓盐酸加蒸馏水至 1 000 mL。

（5）0.2 mol/L 盐酸（hydrochloric acid 溶液）：浓盐酸（相对密度 1.19）16.5 mL，用蒸馏水定容至 1 000 mL。

二、染色剂的配制

1. 番红（sarranine O）

番红（有 O、T 两种类型，植物切片制作多用 O 型）为碱性染料，适用于染木质化、角化、栓化的细胞壁，对细胞核中染色质、染色体和花粉外壁等都可染成鲜艳的红色。并能与固绿、苯胺兰等作双重染色，与橘红 G、结晶紫作三重染色。

（1）番红水溶液：	番红	1 g
	蒸馏水	100 mL
（2）番红乙醇溶液：	番红	1 g
	70% 乙醇	100 mL
（3）苯胺番红乙醇染色液：甲液	番红	5 g
	95% 乙醇	50 mL
乙液	苯胺	20 mL
	蒸馏水	450 mL

将甲、乙二溶液混合后充分摇均匀，过滤后使用。

2. 固绿（fast green）

又名快绿溶液，为酸性染料。能将基本组织、细胞质、纤维素细胞壁染成鲜艳绿色，着色很快，所以要很好地掌握着色时间。

（1）固绿乙醇溶液：	固绿	1 g
	95% 乙醇	100 mL
（2）苯胺固绿乙醇溶液：	固绿	1 g
	95% 乙醇	40 mL
	苯胺	10 mL

此染液配制后充分摇匀，过滤后使用。

3. 乙酸洋红（aceto-carmine）

酸性染料，适用于压碎涂抹制片，10 g/L 乙酸洋红溶液常被用作核、染色体的固定和染色剂，能使染色体染成深红色，细胞质成浅红色。

| 洋红 | 1 g |
| 450 g/L 乙酸溶液 | 100 mL |

把 450 g/L 乙酸溶液煮沸，撤去热源，加入 1 g 洋红，搅拌、溶解，使之快速冷却，再加入微量的铁离子（40 g/L 铁明矾溶液 1～2 滴，不能多加，否则会发生沉淀）。冷却后过滤，放入棕色瓶中备用。

4. 卡宝染液——改良品红（carbol fuchsine）

改良品红即石炭酸 – 品红染色液（核染色剂），适用于植物组织压片法和涂片法，染色体着色深，保存性好，使用 2～3 年不变质。

原液 A：	碱性品红	3 g
	70% 乙醇	100 mL
原液 B：	原液 A	10 mL
	50 g/L 石炭酸水溶液	90 mL
原液 C：	原液 B	55 mL
	无水乙酸	6 mL
	福尔马林（38% 甲醛）	6 mL

（原液 A 和原液 C 可长期保存，原液 B 限两周内使用）。

染色液：	C 液	10 mL
	450 g/L 无水乙酸溶液	90 mL
	山梨醇	1.8 g

配成 100 g/L 浓度的石炭酸 – 品红液，放置两周后使用，效果显著（若立即用，则着色能力差）。

5. 中性红（neutral red）溶液

| 中性红 | 0.1 g |
| 蒸馏水 | 100 mL |

使用时再稀释 10 倍左右，用于染细胞中的液泡，可鉴定细胞死活。

6. 曙红 Y（伊红，eosin Y）

乙醇溶液，常与苏木精对染，能使细胞质染成浅红色，起衬染作用。

| 曙红 | 0.25 g |
| 95% 乙醇 | 100 mL |

（也常用于 95% 乙醇脱水时，加入少量曙红溶液，其目的是在包埋、切片、展片、镜检时便于识别材料。）

7. 钌红（ruthenium red）

钌红是细胞胞间层专性染料，配制后不易保存，需现用现配。

| 钌红 | 5～10 mg |
| 蒸馏水 | 25～50 mL |

8. 龙胆紫（gentian violet）

为酸性染料，适用于细菌涂抹制片，叶表皮装片。

| 龙胆紫（结晶紫） | 0.2 g |
| 蒸馏水 | 100 mL |

9. 苯胺兰（aniline blue）

为酸性染料，对纤维素细胞壁、非染色质的结构、鞭毛等进行染色，尤其对丝状藻类具有较好的染色效果。还多用于与真曙红作双重染色，对于高等植物多用于与番红作双重染色。

| 苯胺兰 | 1 g |
| 35% 乙醇或 95% 乙醇 | 100 mL |

10. 苏木精（hematoxylin）染液

苏木精的配方很多，常用的有如下 3 种：

（1）苏木精水溶液

| 苏木精 | 0.5 g |
| 煮沸的蒸馏水 | 100 mL（静置 24 h 后使用） |

（2）代氏苏木精（Delarfield's hematoxylin）

甲液：苏木精	1 g
无水乙醇	6 mL
乙液：硫酸铝铵（铵矾）	10 g
蒸馏水	100 mL
丙液：甘油	25 mL
甲醇	25 mL

分别配制甲、乙两液，将甲液逐滴加入乙液中，充分搅拌后，放入广口瓶中用纱布蒙住瓶口，置于温暖和光线充足处 7～10 天，再加入丙液，混匀后静置 1～2 月，至颜色变为深紫色后，过滤备用，可长期保存。

（3）爱氏苏木精（Ehrlich's hematoxylin）

苏木精	1 g
无水乙醇或 95% 乙醇	50 mL
蒸馏水	50 mL
甘油	50 mL
无水乙酸	5 mL
硫酸铝钾（钾矾）	3～5 g

配制时，先将苏木精溶于乙醇中，然后依次加入蒸馏水、甘油和无水乙酸，最后加入研细的钾矾，边加边搅拌，直到瓶底出现钾矾结晶为止。混合后溶液颜色呈淡红色，放入广口瓶中，用纱布封口，自然氧化 1～2 月，至颜色变为深红色时即可过滤备用，可长期保存。

三、其他

1. FAA 固定液

又称为标准固定液、万能固定液。适用于一般根、茎、叶、花药、子房组织切片。在植物形态解剖研究上应用极广，并兼有保存剂的作用。

福尔马林（38% 甲醛）	5 mL
无水乙酸	5 mL
70% 乙醇	90 mL

幼嫩材料用 50% 乙醇，可防止材料收缩，还可加入 5 mL 甘油（丙三醇）以防蒸发和材料变硬。

2. 卡诺氏固定液（Carnoy's fluid）

| 无水乙醇 | 3 份 |
| 无水乙酸 | 1 份 |

3. 甘油胶

明胶	5 g
蒸馏水	30 mL
（甘油）丙三醇	35 mL
10 g/L 甲基绿	5～10 滴
石炭酸	1 g

将 5 g 白明胶和 30 mL 蒸馏水置于 45～50℃恒温箱中，至完全溶解成稠胶状（约 2 h）时，取出并加入 35 mL 甘油用玻棒顺一方向轻轻搅拌，加入 10 滴 10 g/L 水溶甲基绿搅拌均匀，之后加入 1 g 石炭酸至完全溶解，用数层纱布置于漏斗中过滤。过滤时速度不能过快，且漏斗斜口应紧贴盛甘油胶的小培养皿，以防出现气泡。最后将已过滤的明胶放在冰箱中冷却成冻胶备用。

4. 明胶（gelatin）粘贴剂

明胶	1 g
石炭酸（苯酚）	2 g
蒸馏水	100 mL
甘油	15 mL

先将蒸馏水加温至 30～40℃，慢慢加入明胶，待全部溶解后，再加入 2 g 苯酚和 15 mL 甘油，搅拌至全溶为止，然后用纱布过滤，贮于瓶中备用。

5. 铬酸 – 硝酸离析液

100 g/L 铬酸溶液	50 mL
100 g/L 硝酸溶液	50 mL

适用于木质化组织，如导管、管胞、纤维、石细胞等，亦可用于草质根、茎成熟组织的解离。

6. 铬酸洗涤液

重铬酸钾（$K_2Cr_2O_2$）	20 g
清水	100 mL
浓硫酸（H_2SO_4）	100 mL

先将重铬酸钾溶于温水，冷却后徐徐加入浓硫酸以不使其发热。此液呈红色，盛入玻璃缸中，加盖以防氧化变质，反复使用直至变成蓝黑色为止。

7. 显微镜头清洁剂

用 7 份乙醚和 3 份无水乙醇混合，装入滴瓶备用（瓶口密封，以免挥发）。用于擦拭显微镜镜头上的油迹和污垢等。

读者意见反馈

为收集对教材的意见建议,进一步完善教材编写并做好服务工作,读者可将对本教材的意见建议通过如下渠道反馈至我社。

咨询电话　400-810-0598

反馈邮箱　gjdzfwb@pub.hep.cn

通信地址　北京市朝阳区惠新东街4号富盛大厦1座　高等教育出版社总编辑办公室

邮政编码　100029

防伪查询说明

用户购书后刮开封底防伪涂层,使用手机微信等软件扫描二维码,会跳转至防伪查询网页,获得所购图书详细信息。

防伪客服电话　　(010)58582300